IoT時代のセキュリティと品質

ダークネットの脅威と脆弱性

畠中伸敏
編著

井上博之　佐藤雅明　伊藤重隆
折原秀博　永井庸次
著

日科技連

まえがき

人と人がつながれば，変化が起こる．“Yes, We Can.(我々はできる)”を標榜したバラク・オバマが大統領になり，民主主義が重要と主張し，最後の演説で「あなたたち(変化)そのものだ」と語りかけた．

一方，2017年1月に就任したドナルド・トランプは，記者会見を開かずに，たった140文字のTwitterを利用して，ヒラリー・クリントンを破って大統領選に勝利した．米国史上，型破りな大統領の誕生である．

インターネットが出始めた頃は，情報を受信することが中心であったが，SNS(Social Networking Service)が出現し，自己の個人情報を発信するようになった．2020年は，オリンピックが開催され，人と人のみでなく，人，もの，データ，サービス，あらゆるものがインターネットに接続される．200～500億台のデバイスがつながるといわれている．

例えば，自動車がインターネットに接続され，「コネクテッドカー(つながる車)」が今後の自動車の主流となる．2020年には，世界の販売台数が，3,500万台と予測され，トヨタ，日産，ホンダの3社が中心となって，サイバー攻撃の被害を減らす取組みを始めた．自動車業界でも取組みは進んでいるが，自動車の機能安全規格ISO 26262が改訂され，セキュリティ基準が設けられる．

自動車がインターネットにつながるメリットは，「事故の際に緊急車両をすぐに呼ぶことができ，ネットを通じてカーナビゲーションなどのソフトを自動更新できる」(日本経済新聞電子版2016年9月9日2：00)と，利点のみが強調される．

2015年，欧米Fiat Chrysler Automobile(FCA)のCherokee(Jeep)をハッキングしたハッカーは指摘に反応しないFCAに業を煮やして，ハッキングの手口を公表した．FCAはソフトウェアの遠隔更新機能(OTA：Over The Air)を

Jeepに搭載していないことから，Jeepのリコールに数億ドルを要した．ハッキングは，1.5 km離れた自宅から，携帯電話を介してJeepのステアリング機能とブレーキ機能を遠隔操作でき，5分間で150万台のJeepをハッキングできるとハッカーは主張した．

「ものがインターネット」につながると便利さを供与される利点がある一方で，サイバー攻撃の脅威に曝される．自動運転により，走行中のブレーキとアクセルの踏み違いによる高齢者が引き起こす事故の発生を減少できるなど，図り知れない利点がある．自動運転は人間の頭脳や眼の働きをし，雨の日の横滑り防止機能としての逆ハンドル操作や，ブレーキとアクセルを同時に踏み込んだ場合のブレーキ優先機能などが，既に取り入れられている．

「ものがインターネット」につながることによるもう一つの懸念は，プライバシーが可視化され，日頃，向き合わない自分のプロファイルが第三者により生成されるなどのプライバシー侵害の懸念がある．

以上の経緯から，本書のおおまかな流れは，最初に「ものがインターネット」につながることによるセキュリティ，品質の変化を解説し，次に，自動車産業を例示しながら，「ものがインターネット」につながることによるセキュリティ上の懸念事項を紹介し，来るべき未来社会を，自動運転をとおして紹介する．また，あらゆる「ものがインターネット」につながることにより，金融業界，社会インフラ，医療分野での変革とセキュリティ上の対策について論じる．

企業の設計開発者，品質・サービス部門の担当者が，本書から何らかの示唆が得られると幸いである．

最後に，出版にあたって，ご尽力いただいた日科技連出版社の戸羽節文取締役，鈴木兄宏課長に心からの謝意を表します．

2017年3月吉日

編著者　畠　中　伸　敏

IoT 時代のセキュリティと品質
目　次

第1章

IoTとは

畠中伸敏

1.1 IoTがもたらす変革

「ものがインターネット化する」ことで，ケビン・アシュトンはこれを捉えて，IoT(Internet of Things)という言葉で表現した[1]-[3]．これはデバイスがネットワークにつながる，M2M(Machine to Machine)に由来する[1]．構成要素は，「物理的要素」，「スマートな要素」，「接続機能」から構成され，この構成要素を介して，ものがつながり，人がつながり，人，もの，データ，サービスが互いにつながる[2][3]．

例えば，医療の分野では，函館市のある総合病院が，高齢者が増えるなか，見守りセンターと在宅療養中の患者とをインターネット回線で結び付け，血圧や脈拍を看護師が確認するシステムを開発した．狭心症や糖尿病の独り暮しの患者は足腰が悪く，病院に行くことができるのは月1回であり，自分では気づかないうちに悪化する病気に対して，血圧計と体重計などが病院のコンピュータとインターネットでつながっていて，データが病院に自動的に送信される．さらに，患者が使用するデジタルペンにはカメラが装着されていて，書いた文字やアンケートの回答結果が病院に送信される．患者が在宅のまま，めまいや吐き気などの20項目の内容を把握でき，看護師が症状の悪化をいち早く見つけることが可能である(NHKオンデマンド，「高齢者医療」，2013年10月17日放映)．

(1)　“もの”のインターネット化

従来の自動車，マルチコピー機，医療機器の分野では，機器類をメカ的なリンク機構と電気的な伝達により，デバイスを制御していた．そのようななか，ドイツのシーメンスでは，2010年代に入って，発電設備が老朽化し，発電設備を入れ換える必要に迫られていた．また，市場価格に合わせて，洋上風力発電事業者，太陽光発電事業者，ガスコージェネレーション事業者の小規模発電所の稼働を制御する必要が生じた(バーチャルパワープラント)．そこで，安定供給と事業採算性を目標として，小規模発電所とインターネットで接続し，稼働を制御した．これがIoTの始まりである．

一方，米国では，ハーレーダビッドソンの2015年第2四半期(4～6月)前年度同期比(純利益400億円)で15％の減益となった．この減益を回復するために，顧客のニーズである1,200種類以上のパーツによるカスタマイズを実現するため，ヨーク工場にあるすべての設備をネットワークで接続し，サプライチェーンのIT化を推進した．従来は，顧客からの注文を受けてから，カスタマイズに20日以上の日程を要していたが，カスタマイズが完了するまでの時間が6時間となった．大きな効果の要因は，顧客から注文を受けると，ハーレーダビッドソン1台を組み上げるのに必要な部品リストをもとに，生産計画に展開し製造を即座に実施したことである．顧客の近くのバイクショップでカスタマイズする従来の方式よりも，工場でカスタマイズを実施することにより，品質面が向上した．それ以外にも，ヨーク工場の面積は，旧工場の15万m^2から6.5万m^2に削減できた．今後は，ウェアラブル端末を作業者に装着することを検討中である．

日本の事例として，建設機械一筋の企業であるコマツの事例がある．コマツは創業 1921 年で，2001 年に KOMTRAX（コマツ機械稼働管理システム）を構築し，予防保全，故障の早期発見，リース料金の早期回収，盗難防止，勤怠管理などに取り組んだ．2008 年には，ハイブリッド油圧シャベルを実用化し，現在，鉱山向け無人ダンプ運行システム AHS の運転を開始し，南米の 1,500 km 離れた運行管理センターからの遠隔管理による無人ダンプ運行を実現した（**図 1.1**）．現在，売上高 2 兆円（内海外 80 %）．従業員 5 万人，世界第 2 位の建設機械製造会社となった[4]．

また，コマツは工事現場と施工の見える化を目指し，工事現場約 4 万 5 千箇所のうち約 1 万 3 千箇所の見える化を推進した．その結果，1 日以内で現場の 3 次元データを自動生成し，精度 ± 数 cm 以内に現場を再現することが可能となった[5][12]．

建築土木業界では，ボトルネックであった油圧ショベル 1 台 1 日当たり，土砂運搬能力が 430 m^3 であったものが，施工能力が 1,000 m^3 の 2 倍となった．また，ドローンを活用した測量では，数千点を 1 週間掛けて測量していたものが，ドローン測量では，3 次元測量を可能とし，数百万点を 15 分で測量可能となった[5][12]．

そのほかに，山崎製パンのパンの廃棄ロスを 40 % 低減した受注情報の一元管理，あいおいニッセイ同和損保の車載器から走行距離を受信することによる保険料算出の事例がある．

(2)　ウェアラブルの進展による「可視化」

IT ベンチャーのファームノート（北海道帯広市）は，2014 年からクラウド型牛群管理システムの提供を開始している．執筆時点では，1,600 の酪農・畜産農家が対象で，15 万頭の牛のデータが管理されている．牛の個体識別として，個体識別番号，出生日，病歴，搾乳量，種付けなどの情報をスマートフォンなどから入力し，クラウド型牛群管理システム（Farmnote）でデータを管理し，牛の健康状態や繁殖時期の把握などを始めとする牧場経営に活用されている．1 千頭を超える牛を飼育している牧場の一つでは，同システムを活用して空胎

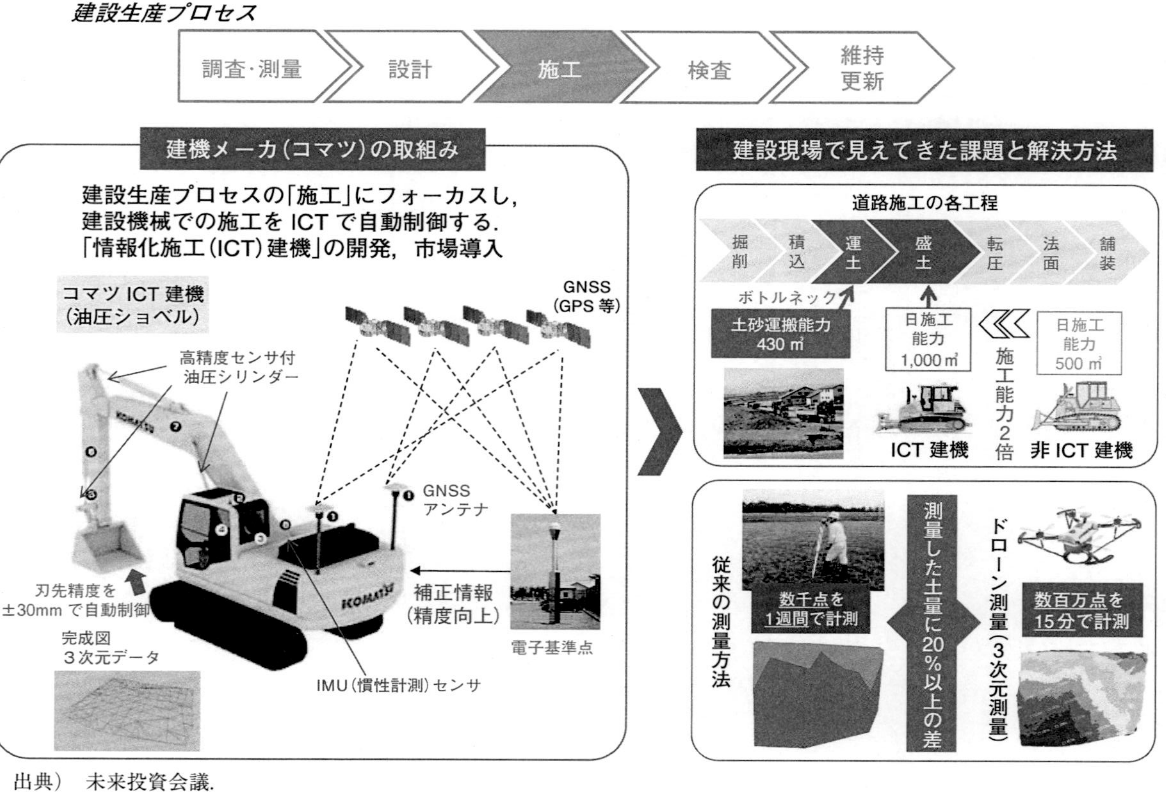

出典）　未来投資会議．

図 1.1　コマツの油圧ショベルの遠隔操作[5]

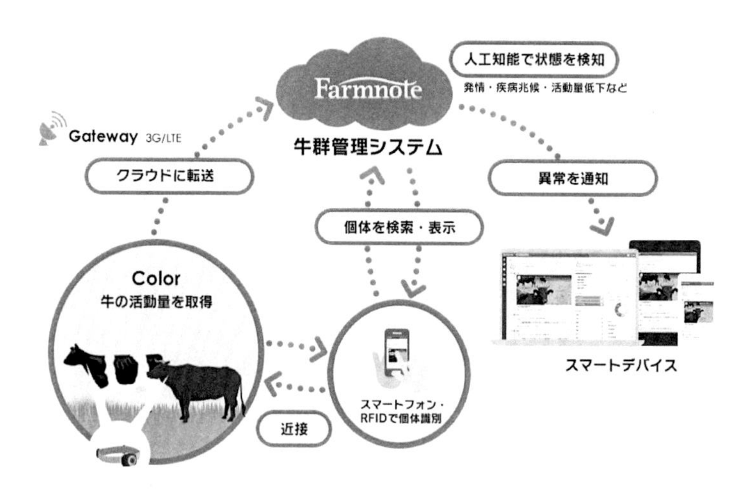

資料提供）㈱ファームノート.

図 1.2 ウェアラブルデバイスの概要

期間の短縮を実現し，牛が増え続けている[6].

また，リアルタイムに牛の活動情報を収集するウェアラブルデバイス(Farmnote Color)を使ったサービスもある(**図 1.2**). 牛から取得したデータをクラウドに転送し，活動量・反芻時間・休憩時間を計算する．その情報から繁殖で重要な発情，疾病兆候などについて注意すべき牛を人工知能で自動的に選別しスマートフォンなどに通知する[6].

人間の場合も同様で，フィットネス機器，血圧計，体温計，生活活動モニターのデータを，装着したウェアラブルやデバイスから収集すると，人間の健康管理に役立てることができる．同時に個人のプロファイルが生成され可視化される．ただし，ある特定の環境に偏って収集されると，誤ったプロファイルが生成され，サービスの利用者が不利益を被る場合もある.

(3) IoTとM2Mの違い

1995年から2003年はWindows 95が登場し，ネットサーフィンを行い，個人が情報のやり取りができるようになった．しかし，この段階での，インターネットへの参加の仕方は，自己の意見を掲示板，フォーラム，2ちゃんねるなどに，仮名や匿名で投稿することであった．どちらかというと，ネットサーフィンに代表されるように受信型でインターネットに参加することである．

それに比較して，2004年から2014年は，iPhoneが登場し，GREE，mixiが出現して，人と人が知り合うことを支援するSNSが出現した．SNS上に実名で，自己の写真などを掲載するなど，発信型のインターネットへの参加となった．

今後の2015年から2025年は，ウェアラブルが出現し，あらゆるものがインターネットに接続され，身に着けたもの，家電製品，デバイスを通じて，「今まで向き合うことがなかった自身の知らない姿が「可視化」される」[4]．好むと好まざるとにかかわらず，自分自身のプロファイルが作成されるようになる．

ここで，M2MとIoTの違いについて以下に述べる．

① M2M

M2M(machine to machine)とは，「機械と機械がつながることで，これには，DoCoリモ・ネットV2，UFOキャッチャー(ZigBee)などがある」[4]．

DoCoリモ・ネットV2の例では，自動販売機の売切れや故障が発生すると，FOMAの無線パケット通信端末から売切れや故障情報が発信され，DoCoリモ・ネットV2検量センターで，販売，故障，売切れ情報を受信する．配送センターでは，DoCoリモ・ネットV2検量センターに，携帯電話でアクセスし，直近の在庫の確認ができ，警告メールを受信する．配送センターからは，商品の補充や故障の回復を行う．また，オフィスでは，販売データを収集し，マーケティング分析や商品開発に利用する．

つながりは，自動販売機とDoCoリモ・ネットV2検量センターの機器に留まり，作業者が携帯電話で在庫量や故障の有無を確認する．

② IoT

IoT(Internet of Things)とは，「事業者・業界等の横断や，データの横断的な利用を進め，付加価値創出，または向上を図るもの」であるといわれる[4].

DoCoリモ・ネットV2検量センターから収集した販売データをもとに，天候，人の流れや，周辺のイベントの開催状況を知り，動的な生産計画に結び付ける．また，取得した交通の渋滞情報をもとに，配送センターにフィードバックし，配送計画や配送経路表に反映する．関係する事業者・業界は，気象庁，交通，イベント開催者と関係し，データの横断的な利用がある．

業界とは取引でつながり，機器がネットワークでつながり，新しい付加価値の発見と事業の活性化が期待できる．付加価値としては，リアルタイムに工場での生産調整ができることである．

また，"things"には無形の意味合いもあり，「これまで測れなかったものを測れるようになったことを通じて，新しい付加価値を考えようという活動」である[4].

上記のとおり，IoTはM2Mに由来し，厳密な意味で，IoTはM2Mとは異なるが，本書では，特に断りがない限り，違いを区別せずに使用する．

1.2 IoTの構成要素

さらに，自動車産業の分野では，衝突被害を軽減するブレーキや，高速道路における車線維持機能といったドライバーのミスや負荷などを減らす技術が既に実用化されている．無人による輸送・移動までを狙いとし，東芝は画像認識用のシステムLSIを用いて，障害物を回避する仕組みを開発した．

なお，以降，読者への理解を容易にするため，仮にコンビニなどにあるマルチコピー機を想定してIoTの構成要素およびその他を解説する．実際に適用されているインターネットへの接続形態はIP閉領域である．

マルチコピー機では，約500のセンサーをもち，搬送系，光学系，表示系，作像系の系ごとのCPUが各系を制御する．各系間の連携をマスターCPUが統括する．搬送系，光学系，表示系，ドラム系，転写系の系ごとの各ユニットは「物理的要素」[1)]で，約500のセンサーは，「スマートな要素」[2)]である．マルチコピー機本体とインターネットとの間に，DCコントローラーを介してECUに接続[3)]し，各系に接続する．

マルチコピー機本体内部に，CAN[4)]を構築する．マルチコピー機に蓄積したセンサーの情報は，ゲートウェイを介して，各系の稼働状況や働きをモニタリングすることができる(**図1.3**)．

マルチコピー機では，搬送系，光学系，表示系，作像系の系ごとにECU(Electronic Control Unit)をもち，接続されたセンサーおよびアクチュエータが一体として動き，このECUの下で制御される．

また，CANにLIN[5)]が接続され，LINが外部ネットワークとのゲートウェイとなり，LINにOBD IIやテレマティクス装置が接続される．接続をとおしてマルチコピー機本体の故障診断や，位置情報を獲得する．位置情報からは，マルチコピー機が設置された場所の獲得ができ，故障したマルチコピー機の診断や修復が，インターネットを介して可能となる．さらに，消耗部品の予測が可能となり，修理が必要なマルチコピー機を顕在化できる．

なお，工場の設備や施設では，DCコントローラーはM2Mゲートウェイ[6)]

---

1)　物理的要素：機械部品と電気部品を指す．自動車を例にとると，エンジンブロック，タイヤ，バッテリーなどがこれにあたる[3]．

2)　スマートな要素：センサー，マイクロプロセッサー，データストレージ，制御装置，ソフトウェア，組込みOSと洗練度の高いユーザーインタフェースである[3]．

3)　接続機能：有線あるいは無線通信を介してインターネットに接続するポート，アンテナ，プロトコルのこと[3]．

4)　CAN(Controller Area Network)：物理的装置の内部に搭載される通信メッセージでデータや制御情報をやりとりするプロトコルのこと[7]．マルチコピー機本体ではDCコントローラーと呼ばれるマスター(メインCPU)とその傘下にあるスレーブ(各系ごとのCPU)により，構成されたエリアネットワークがその役割を担う．CANは1980年代にボッシュが開発したもので，自動車の車体ネットワークの標準となっている．

5)　LIN(Local Interconnect Network)：車載LANのゲートウェイ装置で，CANから外部ネットワークへのゲートウェイを担い，純正のカーナビやテレマティクス装置が接続される[7]．

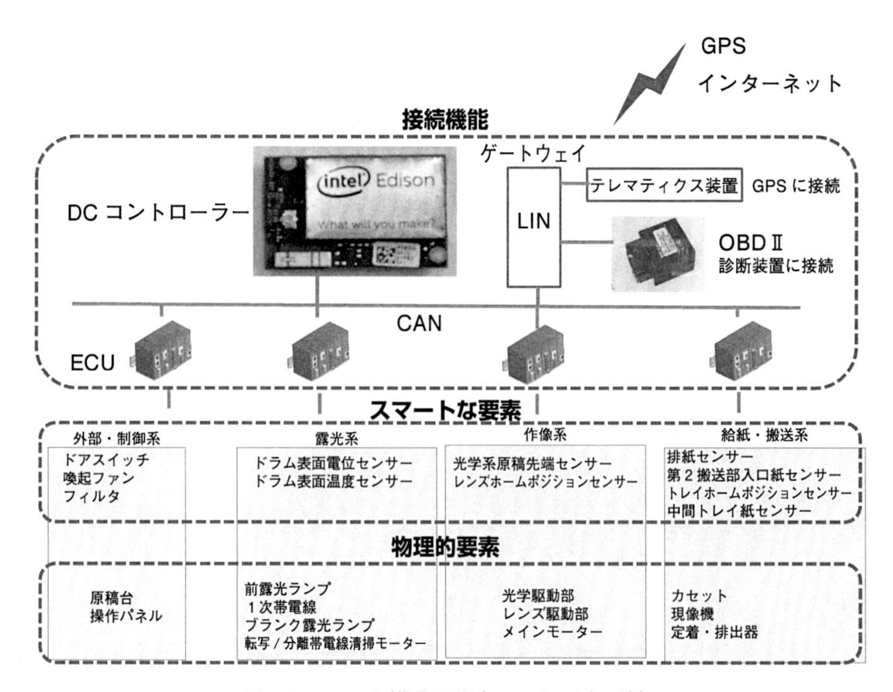

図 1.3　IoT の構成要素（マルチコピー機）

が，ECU は PLC[7]がとって代わる．その機能と構造は同じである．

1.3 IoT のケイパビリティ

IoT のケイパビリティ（能力）のステップアップは次の 4 段階である．

① モニタリング（monitoring）：センサーと外部からのデータを使って，

6) M2M ゲートウェイ：IoT ゲートウェイの役割を担い，施設や工場の設備機器からの情報を収集し，蓄積する．実装されたモジュールのカスタマイズが可能である．C，C++，Java，Python などの言語を用いて，プログラムが可能で，IP アドレスとポートをもち，インターネットを介して外部からの攻撃の対象となりやすい．

7) PLC（programmable logic controller）：マイクロプロセッサーを用いた制御装置で，接続された装置の制御を行う．8 ビットのアドレスをもつが，IP アドレスおよび送信元のアドレスをもたない．C，C++，Java，Python などを用いてプログラムが可能である．

製品の状態，稼働状態，外部環境のモニタリングを実現する[3].

- 製品の状態
- 外部環境
- 製品の稼働，利用状況

モニタリング機能は，異変が生じた場合の警告や通知にも役立つ.

② 制御(control)：製品機器あるいは製品クラウド上の遠隔コマンドやアルゴリズムによって制御すること[3].

- 製品機能の制御
- ユーザーエクスペリエンスのパーソナル化

③ 最適化(optimization)：モニタリングデータと，製品の働きを制御する機能とを組み合わせて，製品性能の最適化を行うこと[3].

- 製品性能の向上
- 予防的な診断，サービス，修理

④ 自律性(autonomy)：モニタリング，制御，最適化の各機能が結び付くと，接続機能をもつスマート製品に，高い自律性が備わること[3].

- 製品の自動運用
- 他の製品やシステムとの自動的な連携
- 自動による製品の改良とパーソナル化
- 自己診断と修理

これを心臓のペースメーカーで説明すると，心臓の拍動を調節するために，右心房で発生した興奮を心室筋に刺激を与え，心臓を収縮させる．病気になり心拍数が少なくなると，人工的に刺激を与えて，適切な回数で心臓が拍動するようにする．このペースメーカーは，物理的要素である.

また，適切な回数で心臓が拍動していることを外部環境から測定することが，「モニタリング」で，適当な回数で心臓を拍動させることが，「制御」である．不整脈やペースメーカーの電池の消耗の状態をデータとして蓄積すると，不整脈の時系列の情報が得られ，自分では気づかないうちに悪化する不整脈の発生や，あるいは心臓の心拍の健全性が確保できていることが観察できる．不整脈データと，ペースメーカーの働きを制御する機能とが組み合わさって，興奮を心室筋に刺激を与える刺激性能の「最適化」を行うことができる．さらに，ペースメーカーにビルドインした電池の交換時期を判断でき，刺激性能および電池交換時期の「最適化」が行える．

仮に，適切な回数で心臓が拍動していることを外部環境から測定でき，興奮を心室筋に刺激を与える刺激性能の最適化を行うことができれば，ペースメーカーは「自律的」に働き続ける．

心臓の手術は，皮膚と肋骨の間にある隙間を見つける一方で，同じくらいの位置の鎖骨下静脈に針で刺して，リードを入れていき，心臓の条件の良い場所を探し出し固定する．レントゲンの透視化の下に，隙間にマイコンチップ付きのジェネレーターを埋め込み，リードはジェネレーターにネジ止めする．皮膚を閉じて手術は完了する．

ペースメーカーの設計寿命は7年で，2度目以降は，ジェネレーターそのものの交換となるが，マイコンチップ付きのコンピュータにより，心臓の状態を最適な状態で自己調節する．最近では20年近く使用可能なものが出現している．

1.4　システムの複合体化

図1.4の流れに沿って，コンビニなどにあるマルチコピー機の修理のプロセスの変化を仮想した事例を使って説明する．

(1)　製品のスマート化

製品がインターネットと接続されていない状態では，JUSE電気(仮名，事業規模6兆円，従業員約5万名)では，テレビその他電化製品を扱うが，複写機製品の修理に対応するために，日本全国10箇所に，修理受付センターを設け，複写機製品の修理依頼を受け付けていた．

修理依頼の方法は，電化製品を修理センターに持ち込む方法，修理依頼し宅配業者が引き取る方法，サービスマンが複写機製品の設置場所に伺い修理する

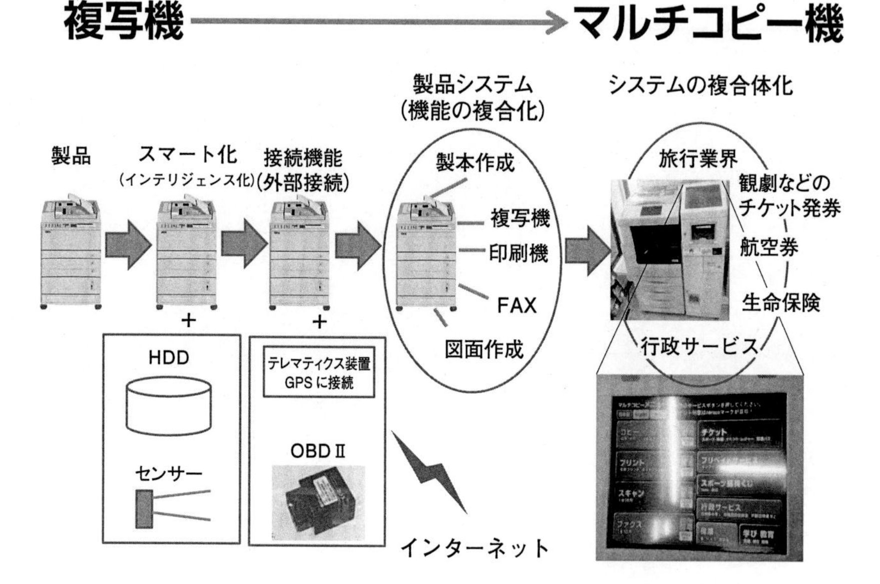

図1.4　システムの複合体化(マルチコピー機)

方法がある.

いずれにしても，修理依頼の第一報は，電話，メール，FAXでもたらされる場合が多く，消費者の窓口となるコールセンターの役割も重要である．コールセンターは日本全国6箇所，東京，名古屋，大阪，熊本，仙台，北海道に設けており，各センター100名の要員を配していた.

コールセンターに寄せられる問合せ情報は，操作内容に関するものが多く，全体の90％で，月間100万件に及んでいる．コールセンターの役割は，消費者からの問合せにもとづいて，製品番号から顧客データベースを検索することから始まり，消費者の問合せ内容の切り分けを行う．問合せ内容から，まず製品の取扱いに関することと，修理依頼の2つに切り分ける．次に，修理依頼の場合は，修理センターに持ち込む方法，修理依頼し宅配業者が引き取る方法，サービスマンが複写機製品の設置場所に伺い修理する方法のいずれかに判断し，対応を決定する．これらのことが，消費者との問合せのなかで，コールセンターシステムを介して行われ，対応のふるい分けについても，コールセンターシステムがそれなりの示唆を与える．

修理センターに持ち込む方法，修理依頼し宅配業者が引き取る方法により持ち込まれた複写機製品は，修理センターが3枚綴りの修理依頼票に起票し，1枚目は依頼者である消費者の控えとし，2枚目は受付事務局が保管用とする，3枚目は修理対象の複写機製品の本体に添付され，修理対象製品を修理センターのバックヤードに運搬する．

バックヤードの修理担当者は，複写機本体のOBD Ⅱに故障診断装置を接続し，ドラム，露光ランプなどの各デバイスのセンサー情報を取得し，故障箇所を洗い出し，消耗部品や破損部品を特定し，即座に部品を交換して修理を完了する．完了すると，サービスシステムに修理内容を入力し，製品個々の履歴が蓄積され，次回に必要となる修理箇所の予測に使用される．

(2)　製品とインターネットとの一体化

複写機製品は，インターネットと接続され，電化製品の修理に対応するために設けられた日本全国10箇所の修理受付センターは5箇所となり，日本全国6箇所のコールセンターは，熊本地震で復興が遅れた熊本に1箇所存在するのみとなった．

大きな理由は，複写機製品は，インターネットと常時，接続され消耗部品の劣化や破損箇所を検出し，部品を交換する必要のあるものについては，従来どおりサービスマンが訪問修理や，持ち込み修理を行う．しかし，部品の消耗状態や破損しやすい箇所を検出することにより，複写機製品の図訂(設計図面の変更)が行われ，製品の信頼性が向上し長寿命製品となった．また，消耗劣化しやすい部分については，トナーと同様に，カセット化することにより，製品寿命の長寿命化を達成した．

同様に，複写機の画像品質である，黒ポチやカブリの発生は，一次帯電のコロナ放電をインターネットで遠隔操作することで制御し皆無となった．常に，最適な状態で，画像写りを利用者に提供することが可能となった．また，複写機に実装したプログラムの更新は，遠隔更新機能(Over The Air：OTA)をとおして瞬時に行われ，複写機の市場対策費用を削減できた．

また，コールセンターでは，利用者からの問合せに対して，インターネットを介して，複写機製品の稼働状況を把握し，履歴情報をもとに利用者と対話でき，複写機の問合せの切り分けが容易となった．また，次回の故障箇所の予測が可能となり，サービスの管理元では，サービス計画の展開に利用した．

この会社では，日本国内のみならず，全世界に設置した複写機に対して，インターネットによる自動修復と稼働状況の把握を始めた．

(3)　業界システムの複合体化

JUSE 電気では，複写機はサービス製品であり修理を伴って製品寿命を長くもたせる固定概念が定着した．しかし，今まで参入障壁が高く，他業界からの参入は存在しないと信じていた複写機業界は，複写機がインターネットと接続されることにより，インターネットを介して何らかのシステムを独自に保有する業界は参入障壁が取り除かれた．観劇などのチケット発券，旅行業界の JTB，航空券(JAL，ANA)，住民票などの行政サービス，高速バスの発券などである．コンビニ会社が運営するマルチコピー機内に構築するモールに，さまざまな業界が店舗を出店した．

出店したチケットの購入方法には大まかに 2 つの方法があり，PC を用いてチケット販売のウェブサイトに入り，13 桁の番号とバーコードをプリンターに出力して，マルチコピー機の操作画面の指示に従って，マルチコピー機にかざすと，「さくら紙のすかし」が入った正規のチケットがプリント出力される．

チケットの購入については，携帯電話，PC，インターネットのショッピングサイトから予約や電子決済が可能であるが，他方，コンビニ店舗を訪問し，マルチコピー機に，電話番号，氏名を入力して，直接，チケットを購入することもできる．同様に「さくら紙のすかし」が入った正規のチケットの入手が可能である．

一方，問合せの件数は減少したが，コールセンターは，コンビニからの問合せと，利用者からの問合せに応じている．

参考文献

［1］ 松本直人：『モノのインターネットのコトハジメ』，翔泳社，2016.
［2］ Michel E. Porter, James E. Heppelmann: "How Smart, Connected Products Are Transforming Competition," *Harvard Business Review*, Nov. 2014.
［3］ DIAMOND ハーバード・ビジネス・レビュー編集部(編訳)：『IoT の衝撃』，ダイヤモンド社，2016.
［4］ 坂下哲也：「パーソナルデータと IOT・AI・ビッグデータ」，日本システム監査人協会第 219 回月例研究会資料(2016 年 12 月 7 日)，2016.
［5］ 首相官邸：「未来投資会議」，首相官邸，2016.
http://www.kantei.go.jp/jp/97_abe/actions/201609/12mirai_toshi.html
［6］ ㈱ファームノートホームページ(2017 年 3 月 9 日確認).
http://farmnote.jp/
［7］ 井上博之：「つながる自動車の IT セキュリティ」，『日本セキュリティ・マネジメント学会誌』，No. 30，Vol. 2，pp. 21-28，2016.
［8］ Michel E. Porter, James E. Heppelmann: "How Smart, Connected Products Are Transforming Companies," *Harvard Business Review*, Oct. 2015.
［9］ 保坂明夫，青木啓二，津川定之：『自動運転』，森北出版，2015.
［10］ 加藤光治(監修)，デンソーカーエレクトロニクス研究会(著)：『図解カーエレクトロニクス(上)システム編【増補版】』，日経 BP 社，2014.
［11］ 米国医学研究所(著)，飯田修平・長谷川友紀(監訳)：『医療 IT と安全』，日本評論社，2014.
［12］ 日経ビッグデータ(編)：『この 1 冊でまるごとわかる人工知能 & IoT ビジネス』，日経 BP 社，2016.

第2章

IoTのセキュリティ

畠中伸敏

2.1 IoTの脆弱性

第1章で述べたとおり，あらゆるモノがインターネットにつながるIoTの普及は，サイバー攻撃の恰好の的となっている．

デバイスそのものに脆弱性があり，ウイルスに感染しやすく，盗聴，なりすまし，DoSの攻撃を受けやすい．

- デバイス類の1メッセージのペイロード長が8バイトで，他の業界の技術を導入しにくい．
- デバイスのOSがLinuxで，C，C++などの言語で生成され，ウイルスに汚染されやすい．また，プロトコルにSSHやTelnetの使用が多く，SSHやTelnetの脆弱性に依存する．
- デバイス類は，通常，ルーターやネットワーク機器を除いて，インターネットで到達可能なIPアドレスが割り当てられないダークネットの範疇に属する．
- M2MデバイスまたはM2Mゲートウェイを含むM2Mシステムの認証

の仕組みが弱い.

- 軽量コンパクトなMQTT(MQ Telemetry Transport)のプロコルがあるが，セキュリティを重視すると負荷が生じ，リアルタイム性とのトレードオフとなる．また，公開鍵・秘密鍵を用いた暗号化の処理などの暗号化機能をハードウェアで提供したものがあるが，同様に，負荷が生じリアルタイム性とのトレードオフとなる.
- デバイスのパスワードは，初期設定のままか，メーカーが設定したパスワードの変更ができない場合が多い．また，デフォルトでrootやadminなどのIDが設けられている.

2.2　サイバー攻撃の報告事例

(1)　サイバー攻撃の事例

ここではサイバー攻撃の事例を以下に紹介する.

①　航空機の機内ネットワークへの不正侵入

ボーイング777機では機内娯楽システムと制御システムがRJ-45コネクターで接続され，イーサネットワークが構築されていた．そこへ飛行機内に搭乗したハッカーは，イーサネットで構築された機内Wi-Fiにアクセスして，機内娯楽システムから，制御システムに侵入し，左右の水平尾翼を上下に揺らすなどエンジンの推進力と飛行機の姿勢制御の変更を行った.

容易に侵入できた一因には，機内Wi-Fiへのアクセスもあるが，エンジン推進力制御装置および姿勢制御装置へのアクセスの初期パスワードが，デフォルトの管理者名とパスワードのままなどの理由がある(**図2.1**)．搭乗したハッカーがハッキングの成功体験をTwitterに投稿し，友人がFBIに通報し逮捕となった．仮に，Wi-Fiから携帯電話のG3/LTEを経由して，外部のサーバーあるいはPCに接続されると，飛行機の遠隔操作が可能となる[3]-[6].

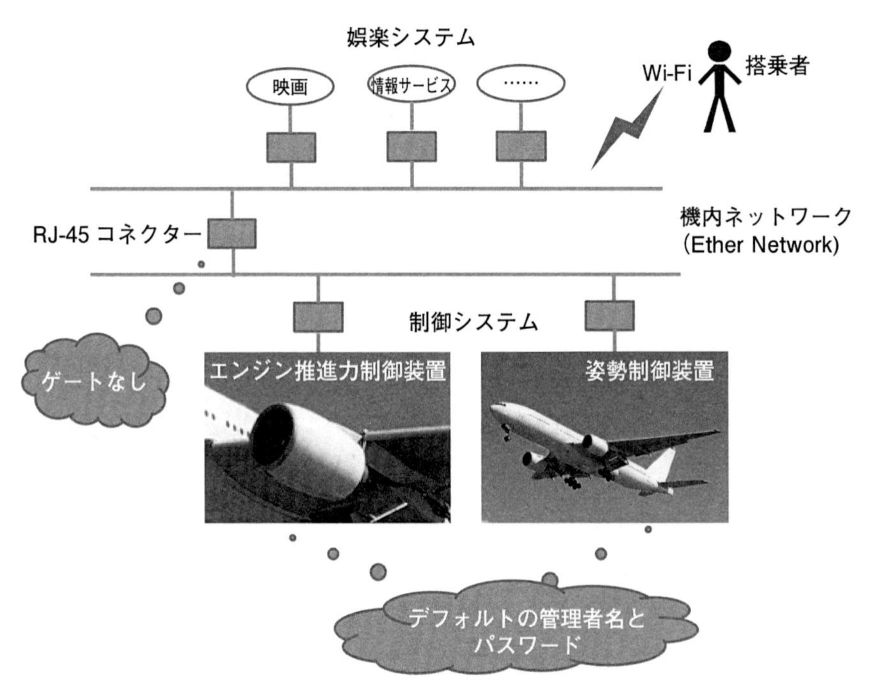

図 2.1　ボーイング 777 機内ネットワークへの不正侵入[3]-[6]

②　BYD オートのドアロック解除

中国の BYD オートのドアロック解除は，エリアネットワーク上のテレマティクスの脆弱性と，ネットワークサービス上の認証機能の脆弱性を狙ったサイバー攻撃である．オーナー向けサービスサイトの「BYD Cloud」の会員登録情報をハッキングし，BYD オートの利用者になりすまし，ドアロックが解除された．車上荒らしや車の盗難などの的となる．原因はログイン時の ID および登録情報がテキスト情報で送信されたため，スニファー被害に遭った．対策としては送信情報の暗号化が必要である．

システム開発には，ETSI 仕様のネットワーク構成の意識はなく，利用者からコアネットワークへの接続が，API(Application Program In-

表2.1　IoTの脆弱

年　月	報告例	事件・事故
2016年2月[19]	日産自動車の電気自動車「リーフ」 (troyhunt.comの報告)	• 第三者が車内設備を制御できる. • 第三者が運転履歴を参照できる.
2015年6月[20]	欧米フィアット・クライスラー・オートモービルズ(FCA)の「Jeep Cherokee」 (セキュリティの年次大会Black Hat USAのDEF CONの報告)	• 車の遠隔操作
2014年[3][7]	米テスラモーターズの電気自動車「Tesla Model S」 (奇虎360(チーフ360)の報告)	• PCからエンジン始動. • サスペンションの制御. • 電源供給停止. • マルウェアの埋め込みが可能.
2015年7月[18]	中国比亜迪汽車(BYDオート)のオーナ向けクラウド (奇虎360(チーフ360)の報告)	• ドアロック解除 • スニファー被害
2015年[4]-[6]	ボーイング777の機内ネットワークに不正侵入	• エンジンの推進力制御 • 飛行機の姿勢の変更(航空機の機内ネットワークに不正侵入)
2013年～[3][7]	防犯カメラ映像の閲覧「Insecam」 (世界各地のカメラ映像を閲覧できる)	• 第三者が防犯カメラにアクセスでき，空き巣などの予備調査に使用される.
2016年3月[3][7]	東京ガスの利用者によるガス設備の遠隔操作の不具合 (東京ガスが発表)	• 給湯器，浴室設備，床暖房の遠隔操作

性の報告事例

脆弱性	対　策
• 専用モバイルアプリから，メーカーのサービスサイトにアクセスする際に，認証のチェックがない． • 車両識別番号(ID)が容易に推測可能で，専用モバイルの利用者と操作対象者とが関連付けられていない．	• 専用アプリの利用者と操作対象車を関連づける認証の仕組みが必要． －セッションの認証の仕組み －車体識別番号(VIN：Vehicle Identification Number)を操作対象車のみ設定できる．
• 6667番ポートから車載情報システムに匿名ユーザーがアクセス可能． • 車載LANのファームウェアを改ざん可能．	• Wi-Fi使用時は，ファイアウォール機能を設ける．
• 極めて脆弱なパスワード． • ファームウェアにLinuxを使用．	• SELinuxなどのセキュアなOSを採用する．
• テレマティクスの脆弱性． • ログイン時のIDおよび登録情報がテキスト情報で送信され，オーナー向けクラウドサービスサイト「BYD Cloud」の登録情報を容易にハッキングできる．	• 送信情報の暗号化．
• デフォルトの管理者名とパスワード(機内娯楽システムのイーサネットのRJ-45コネクターから侵入した)．	• ネットワークのセグメンテーションを行い，ゲートウェイを設ける． • 初期設定を変更．
• 防犯カメラの認証情報が初期設定のまま．	• 初期設定を変更する．
• パスワードの変更がない限り，前入居者がログインできる．	• ガスを閉栓するとIoTサービスの解約処理．

terface)を介して行われた．BYDオートの例では，オーナー向け会員サービスサイトの「BYD Cloud」のプログラムのAPIがサイバー攻撃の的となった．

その他に，日産自動車の電気自動車「リーフ」の第三者による車内設備の乗っ取りや運転履歴の参照，フィアット・クライスラー・オートモビルズ(FCA)のJeepの遠隔操作の報告事例がある(**表2.1**)．

(2)　M2Mシステムの特徴と欠陥

通常，サイバー攻撃に対して，サイバー攻撃の攻防戦により，サイバー攻撃の察知力を高めるとしている．しかし，開発したシステムが容易に攻撃を受け，またシステム障害を起こすのは，曖昧な要求の源泉となるシステムの外側に存在し，アクターと称する人やシステムの特定が十分でないためで，アクターに対して影響あるいは価値のユースケースの定義そのもののモデリングや分析の欠如による．

前述の報告事例から，M2Mシステムの特徴および欠陥は，次のとおりである．

①　エリアネットワークの特徴

- M2Mのエリアネットワークは，アクセスネットワークやコアネットワークに柔結合で接合され，既存のネットワークに固定して構成されない．例えば，BYDのオーナー向けクラウドのドアロック解除．
- デバイスがグローバルアドレスをもたない．例えば，日産自動車の電気自動車「リーフ」の車内設備の第三者による制御．
- ETSI仕様のネットワーク構成では，エリアネットワークとアクセスネットワークの間にゲートウェイを設けているが，認証やファイアウォールなどのセキュアな仕組みを設けていることが少ない．例えば，FCAのJeepの遠隔操作．
- エリアネットワークがM2Mに存在するサービスの提供を授受する際

に，提供すべき必要なサービスと提供を授受する主体との対応が十分にとれない．例えば，航空機の姿勢制御．
- IoT を構成するデバイスは，ソフトウェアとハードウェアが一体化して動作する．
- IoT を構成するデバイスは，エリアネットワークの外側にあるネットワークシステムと排他的で，自律的に動作する．

②　IoT の欠陥を補完する対策

- エリアネットワークとアクセスネットワーク間のゲートウェイに認証の仕組みやファイアウォールを設ける．すなわち，ネットワークの境界上のゲートウェイに認証の仕組みやファイアウォールを設ける．
- 送信経路および各種情報の暗号化を図る．
- 各デバイスに MAC アドレスや IP アドレスを設け，グローバネットワーク上のアドレスを明確にし，送信元，受信先のアドレスを明確にする（将来は IPv4 から IPv6 への移行）．
- 認証局（第三者，政府機関など）を設け，認証の仕組みを強化する．
- M2M ゲートウェイや PLC などの各デバイスは，OS が Linux で C，C++ などの言語で生成され，ウイルスに汚染されやすいことから，ウイルスに対する対策が必要である．

2.3　ETSI 仕様のネットワークの構成

図 2.2 は，欧州電気通信標準化機構（European Telecommunications Standard Institute：ETSI）の仕様（TS 102 690 Functional architecture）[8]にもとづくネットワーク構成を示す．ETSI TS 102 689 はサービス要求事項（Service requirements）[9]を示し，M2M システムの概要（Annex A），M2M システムのユースケース（Annex B），セキュリティ概要（Annex C），各節記述の論拠（Annex D）で構成される．なお，TS（Technical Specification）は技術仕様，TR（Technical Report）は技術報告を示す．

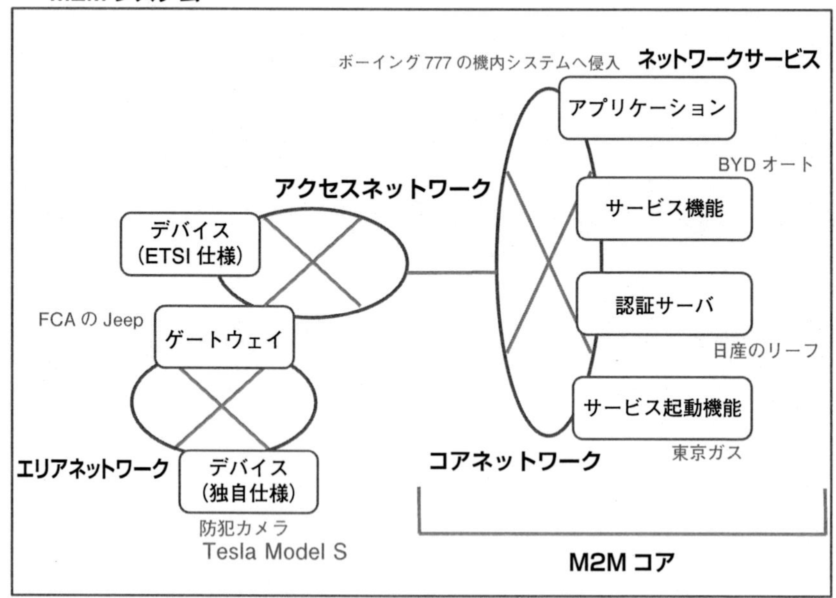

出典）電気学会 第2次M2M技術調査専門委員会(編)：『M2M/IoTシステム入門』，森北出版，2016．引用にあたり筆者が図上に報告事例を追記した．

図2.2　ネットワークシステム(ETSI仕様)の構成要素[8][10]

ETSIで示されたネットワークは，アプリケーション，サービス機能，認証サーバー，サービス起動機能などで構成される．また，デバイスとは情報を収集する端末で，通信機能をもつものと，独自仕様のものに分けられる．例えば，ZigBee，Wi-Fi，OBD IIなどは独自仕様のもので，エリアネットワーク(例えばCAN)の中で機能し，ネットワークサービスを獲得するためには，プロキシー的な役割を果たすゲートウェイに接続していく必要がある．

また，エリアネットワークはアクセスネットワーク(例えばイーサネットワーク)を介して，コアネットワークに結び付くことにより，ネットワーク上のサービスを受けることが可能である．コアネットワークとネットワークサービスを総称して，M2Mコアという．

図 2.2 に示した ETSI の構成要素には次のものがある[10].

- **デバイス**：情報を収集する端末で，ETSI に準拠した通信機能をもつ.
- **ゲートウェイ**：独自仕様デバイスと ETSI 仕様のデバイスを接続する役割を担う.
- **エリアネットワーク**：デバイス間，デバイスとゲートを結ぶネットワーク.
- **コアネットワーク**：ネットワークサービスを実現するための基盤ネットワーク.
- **アクセスネットワーク**：エリアネットワークとコアネットワークとを結ぶネットワーク.
- **M2M コア**：コアネットワークとネットワークサービスの総称.

従来のネットワークの考え方は，固定されたネットワークの中に，構成要素が組み込まれるが，ファームウェアにより構築された CAN に代表されるエリアネットワークは，既に存在するネットワークに，必要な都度，接続したり，分離されたりするネットワークの構成要素となる．エリアネットワーク側の観点では，接続する対象のネットワークは複数存在し，1 対多の関係となる.

各デバイスは物理的要素を制御し，ファームウェアにより構築されたエリアネットワークは，各デバイス間を接合する役割を担う．ハードウェアと一体化して，例えばファーム系のマルチコピー機のリアルタイム性上の要求は 0.1 msec 以下，設備系では，0.1 秒以下の性能で動作することが要求される.

エリアネットワーク内で自律的に動作し，アクセスネットワークやコアネットワークをとおした制御は時間的負荷が増大し，ファームウェアのリアルタイム性の要求を満足しない.

通常，設備系の M2M ゲートウェイは，PLC の制御装置に蓄えられた制御情報を収集することが中心となる．PLC 配下の設備系への指示は別系統からもたらされる.

このリアルタイム性の制限から，ゲートウェイと各デバイス間のプロトコルは負荷の小さい MQTT のプロトコルが選択され，各デバイスには 8 ビットのアドレスが付与される．DCコントローラーやCANから，デバイスのアドレスの認識はできるが，TCP/IPで付与されるIPアドレスの付与はない．したがって，既存のグローバルアドレス上には位置づけられない．各デバイスから情報を発信しても，グローバルネットワーク側からは，発信元アドレスを認識できない．

自動車のネットワーク構成で大きく変化する部分は，次の「4層防御」の構成で，セキュリティ対策が講じられている．

- 第1層：外部ネットワークとのアクセスポイント(OTA：Over The Air，ECUのソフトウェアを遠隔更新する)．
- 第2層：情報系と制御系間のゲートウェイ．ハードウェア機構のHSM(hardware security module)に，暗号キーを格納する．
- 第3層：車載LAN(CAN)，1メッセージのペイロード長が8バイトで，他の業界の技術を導入しにくい．CANメッセージにMAC(メッセージ認証符号)の一部を付加することが考えられている．
- 第4層：制御系ECU，どこまで，お金を掛けてセキュリティを強化するか，自動車メーカーにより対策が分かれる．

2.4　IoTのウイルスの事例

NAT(Network Address Translation)は，パケットヘッダーのIPアドレスを別のIPアドレスに変換する役割をもつが，デバイス類は，通常，ルーターやネットワーク機器を除いて，インターネットで到達可能なIPアドレスが割り当てられないダークネットの範疇に属する．仮に，デバイスがウイルスに感染し，デバイスから外向きに攻撃が行われると，攻撃者がNATの後ろに隠れ，攻撃された者からは攻撃者を特定しにくい．

なお，ダークネットワークとは，約43億(2^{32})のIPv4のアドレスに割当てられていない，ネットワークのことをいう．

デバイスのファームウェアを制作する際に，用いられるOSはLinuxが多く，SSHやTelnetでリモートログインし，制作したソフトの実装やテストランさせる．ファームウェア開発用のソフトはフリーウェアが多く，ソフトのダウンロードの際に，ボット(Bot)などのマルウェアが埋め込まれる場合がある．

SSH や Telnet は，ファームウェアを制作する際に，リモートアクセスやブート，シャットダウン(強制停止はデバイスにとって避けるべきで，ソフトウェアで停止する)などに頻繁に使用され，Telnet の脆弱性を狙ったウイルスが多い．その他に，パスワードクラッカーの事例もある．

(1)　感染したデバイスの例

2015 年度は，デバイス 361 種類 15 万台が感染し，2016 年度は，デバイス 500 種類 60 万台が感染した．例えば，感染したデバイスには以下のようなものがある[11]．そのなかでも感染の多いデバイスは，監視カメラ，ネットワーク機器の順である．

- 監視カメラ
- ゲートウェイ
- ネットワーク機器
- 太陽光管理システム
- 中国製の医療機器 MRI

上記のとおり感染しているデバイス機器に監視カメラが多いが，太陽光管理システムまで含まれ，感染するかどうかの境界は存在しない．

(2)　IoT の脆弱性

IoT の脆弱性の例には次のものがある[11]．

- Yahoo! ショッピングサイトの 24/7 オンラインから購入されたデバイス．
- ウイルス対策ソフトがない．
- 弱いデフォルトの ID(例えば root)とパスワード．
- デバイスはダークネットの範疇に属し，IP アドレスをもたないが，

NAT の後ろに隠れ，外向きのインターネットへの接続は，グローバルアドレスで IP 接続する．踏み台にされ攻撃者になると，攻撃者を特定しにくい．

(3)　ウイルスの事例

ウイルスの事例としては次のものがある．

- **Moose**：Moose とは，「ヘラジカ」を示し，ペンギンマークをシンボルマークとしている Linux が，Moose というワームにより攻撃を受けた．Proxy，SNS へ攻撃を仕掛け，SNS で「いいね」，「フォロー中」を勝手に増大させる．
- **Anna**：1997 年 17 歳で，ロシアのプロテニス選手のアンナ・クルニコワ(Anna Kournikova)が「コートの妖精」と呼ばれ，「アンナの写真だよ」といってメールが来て，添付ファイルを開くとウイルスに感染する．カメラ，ルーター，家電機器がウイルスに感染し，これらのデバイスから外向きに，サーバーや PC に DDoS 攻撃を仕掛ける．
- **Mirai**：防犯カメラ，ルーターを踏み台にし，Mirai ボットネットにより，DDoS 攻撃を仕掛けるウイルス．2016 年 10 月 21 日，米国の DNS サービス提供会社 Dyn が DDoS 攻撃を受けて，同社のサービスがダウンした．また，オンラインゲームを標的に，テラレベル容量のファイル転送を行い，DDoS 攻撃を仕掛ける．
- **Mirai (2)**：DDoS 攻撃で，プリンター，カメラ，ルーター，デジタル(DVR)が感染する．Mirai のソースコードが GitHub(デベロッパーツール)などで公表され，これを利用して類似のものが出ている．
- **Mirai ボット攻撃**：Mirai ボットネットは，C&C(Command and Control)サーバー機能，ボット機能，ダウンローダー機能を有し，デバイスがボット(遠隔でデバイスを操作するマルウェア)に感染する．攻撃者はコネクトバック通信の経路を確立し，C&C サーバーからデバイスに DDoS 攻撃を加え遠隔操作(ボット)する．また，乗っ取ったデバイスを踏み台にして，他のデバイスをウイルスに感染させる．

デバイスのパスワードの脆弱性を狙い，ラズパイ(Raspberry Pi：RISC CPU のアーキテクチャーの ARM プロセッサをベースとしたシングルボードコンピュータ)やネットワークカメラに感染する．Mirai ボットネットに感染した政府関係の事例が報告されている．

- **ネットワークカメラ画像無断の公開サイト**(ロシア・インセカム(Insecam))：ウイルスに感染あるいはその他の方法により，監視カメラから取得された画像――日本でも京都のコンビニの店内，オフィス，住居の中――がネット上にリアルタイムに配信された．

  ブラジルのリオのオリンピックの開催では，500 ギガバイトのファイルが転送され，ゲートウェイが感染した．一度，デバイスがウイルスに感染すると，踏み台となって内側から外側に向けて，ウイルスの感染経路を広げる．NAT の裏側に隠れ，攻撃された者にとって，攻撃者を特定しにくい．

  ベトナム，ブラジルでは，宛先 IP アドレスがシーケンス番号となるウイルスの感染例が報告されている[11]．

2.5　脅威の種類

独立行政法人情報処理推進機構(Information Promotion Agency：IPA)は，攻撃者による干渉に起因する脅威(**表 2.2**)と利用者による操作に起因する脅威(**表 2.3**)を発表した．発表内容は，自動車製品を対象としているが，IoT システムの構成要素は，カメラ，マルチコピー機，医療機器，その他の IoT 製品でも同様であるので，自動車製品を他製品に読み換えて適用しても，大きな矛盾を生じない．なお，他製品の固有の事柄については，固有技術の観点で咀嚼(そしゃく)して適用することが望ましい．

IoT の脆弱性の報告事例では，サイバー攻撃を強く意識していたが，IPA は「攻撃者による干渉に起因する脅威」を，「攻撃者が意図的に引き起こす脅威」とし，「利用者による操作に起因する脅威」を「利用者が偶発的に引き起こす

表 2.2　攻撃者による干渉に起因する脅威[12]

脅　威	説　明
不正利用	なりすましや機器の脆弱性の攻撃によって，正当な権限を持たない者に自動車システムの機能を利用される脅威. • 解錠用の通信をなりすます事により，自動車の鍵を不正に解錠する，等
不正設定	なりすましや機器の脆弱性の攻撃によって，正当な権限を持たない者に自動車システムの設定値を不正に変更される脅威. • ネットワーク設定を変更し，正常な通信ができないようにする，等
情報漏えい	自動車システムにおいて保護すべき情報が，許可のされていない者に入手される脅威. • 蓄積されたコンテンツや，各種サービスのユーザ情報が，機器への侵入や通信の傍受によって不正に読み取られる，等
盗聴	自動車内の車載機同士の通信や，自動車と周辺システムとの通信が盗み見られたり奪取されたりする脅威. • ナビゲーションや渋滞予測を行うサービスのために自動車から周辺システムに送付される自動車状態情報(車速，位置情報等)が途中経路で盗聴される，等
DoS 攻撃	不正もしくは過剰な接続要求によって，システムダウンやサービスの阻害をひきおこす脅威. • スマートキーに過剰な通信を実施し，利用者の要求(施錠・解錠)をできなくさせる，等
偽メッセージ	攻撃者がなりすましのメッセージを送信することにより，自動車システムに不正な動作や表示を行わせる脅威. • TPMS(タイヤ空気圧監視システム：Tire Pressure Monitoring System)のメッセージをねつ造し，実際には異常がない自動車の警告ランプをつける，等
ログ喪失	操作履歴等を消去または改ざんし，後から確認できなくする脅威. • 攻撃者が自身の行った攻撃行動についてのログを改ざんし，証拠隠滅を図る，等
不正中継	通信経路を操作し，正規の通信を乗っ取ったり，不正な通信を混入させる脅威. • スマートキーの電波を不正に中継し，攻撃者が遠隔から自動車の鍵を解錠する，等

出典）独立行政法人情報処理推進機構技術本部セキュリティセンター：「自動車の情報セキュリティへの取組みガイド」，2013，p. 9，表 2-6.

表 2.3 利用者による操作に起因する脅威[12]

脅 威	説 明
設定ミス	自動車内のユーザインターフェイスを介して，利用者が行った操作・設定が誤っていたことによりひきおこされる脅威 • インフォテイメント機能で意図しないサービス事業者に個人情報を送付してしまう，テレマティクスの通信の暗号機能を OFF にしてしまい通信情報が盗聴される，等
ウイルス感染	利用者が外部から持ち込んだ機器や記録媒体によって，車載システムがウイルスや悪意あるソフトウェア(マルウェア等)等に感染することによりひきおこされる脅威. • インフォテイメント機器に感染したウイルスが車載 LAN を通じて更に他の車載機に感染，等

出典） 独立行政法人情報処理推進機構技術本部セキュリティセンター：「自動車の情報セキュリティへの取組みガイド」，2013，p. 8，表 2-5.

ミスなどによる脅威」に分類した.「禁止されているような操作を故意に実行し，悪意をもって操作を行う者」は，「攻撃者による干渉に起因する脅威」としている.「攻撃者による干渉に起因する脅威」には，攻撃者は悪意をもってシステムに干渉したり，禁止されている操作，脆弱性を引き起こしやすい異常操作・入力などを故意に行うことが含まれる.

ETSI 仕様のネットワークの構造は，通常のネットワークの構造と本質的に変わらないことから，情報セキュリティの脅威，脆弱性がそのまま，適用可能である．ただし，情報セキュリティ技術は適用できるが，事件・事故(**表 2.1**)の内容は変化している．ソフトウェアが，ハードウェアと一体化していることから，デバイスの制御が遠隔操作されると飛行機のハイジャックや，自動車の乗っ取りに結び付き，自動車の鍵の解除は車そのものの盗難に結び付く．利用者のミスや悪意のある第三者にかかわらず，情報セキュリティの脅威，脆弱性がもたらす事件・事故の現象面は，大きく変化している.

2.6 セキュリティ対策

ハードウェアによるセキュリティ基盤を確立する方法として，TCG(Trust-

表 2.4　対策例[12]

区分	セキュリティ対策		説　　明
セキュリティ要件定義	要件管理ツール		要件管理ツールは，複雑なプログラムの要件を整理し，要件と設計・機能の対応付け管理等を行うことができるツールである．セキュリティ要件への活用によりセキュリティ機能の実装漏れを防ぐことができる．
セキュリティ機能設計	セキュリティアーキテクチャ設計		システムのユースケースやモデルを明確化し，脅威・リスク分析を行い，セキュリティ方針に準拠して，対応方法・対応箇所を設計する手法である．セキュリティ対策の対応漏れ等によるぜい弱性の発生等を防止できる．
	セキュリティ機能の利用	暗号化	暗号化には，情報資産等そのものを保護する「コンテンツ暗号化」と，通信時に盗聴される事を防ぐ「通信路暗号化」がある．暗号方式によって，処理速度やデータ量等に違いがあるため，要件に応じた暗号方式を選択することが重要となる．
		認証	利用者や通信相手，追加されるプログラム等が正規のものであるかどうか，また改ざんされていないかどうか，認証する為の手段である．パスワードやハッシュ値等のソフトウェア処理の他に，IC チップのような専用のハードウェアを利用するものもある．
		アクセス制御	利用者の実行権限や，機能や通信の実行範囲等の管理を行う．利用者や機能の影響範囲を適切に設定することで，想定外の利用を防ぐとともに，他の機能で発生した問題から，主要な機能を保護することが出来る．
セキュア実装	セキュアプログラミング		バッファオーバーフロー等の既知のぜい弱性を防止するためのプログラミング技術である．ぜい弱性のもととなる関数の利用禁止や，誤解を生みやすいコード表記の禁止等を定めることも含まれる．
セキュリティ評価	セキュリティテスト		完成したシステムにぜい弱性がないことを確認する手法である．既知のぜい弱性を検知するツールや，未知の脆弱性を調査するファジング等の手法がある．

出典）　独立行政法人情報処理推進機構：「自動車の情報セキュリティへの取組みガイド」，2013，p. 12，表 2-7(一部割合)．

ed Computing Group) が策定した TPM (Trusted Platform Module) がある．公開鍵・秘密鍵を用いた暗号化の処理などの暗号化機能をハードウェアで提供し，M2M ゲートウェイやデバイスに実装したソフトウェアのマルウェアなどによる改ざんや改造の有無を検知し，正規のプログラムでない場合はプログラムの実行許可を与えない．

また，IPA は，設計開発段階での要求定義からセキュリティ評価までの考慮すべき対策例を発表した(**表 2.4**)．

2.7　プロトコル「MQTT」

MQTT(MQ Telemetry Transport)は，ファームウェアの制作においてリアルタイム性が要求されることから，少量のデータのみを送受信し，軽量コンパクトなプロトコルをセンサーデバイス用に IBM が開発した．送信の際に TLS (Transport Layer Security)を指定した場合には，通信相手の認証，トランスポート層での通信内容の暗号化，改ざんの検出ができる．パラメータを指定することにより，特定の URL に HTTP でアクセスでき，XML で記述されたメッセージに戻すことができる REpresentational State Transfer といわれる Web の設計思想である REST の制約に従っている．**図 2.3** は MQTT の概念図である．

TLS を指定した場合は，安全なデータ通信を行うことができるが，一方で通信負荷が生じる．

IP アドレスなどのアドレスの概念がなく，メッセージ(トピックと呼ぶ)がアドレスに相当する．例えば，メッセージの発行側のパブリッシャーからトピック /blood/pressure が発行されると，取得参加側のサブスクライバーは，トピック /blood/pressure(血圧)を，ブローカーを介して取得参加する．

クライアントとサーバーのプログラムは，C，C++，Java，JavaScript，Python，Lua，NET，Perl などで記述でき，動作はクライアントとサーバーの関係で動作する．トピックスをクライアントとサーバーで授受する形となる．**図 2.4** において，発行側のクライアントは 1 箇所であるが，それを取得参加側は，どのクライアントでも参加が可能で，1 対多となる．図中では，/blood/pressure/upper limit/first time の値「130」とすれば,「130」の値を，サブスクライバーが取得参加する．

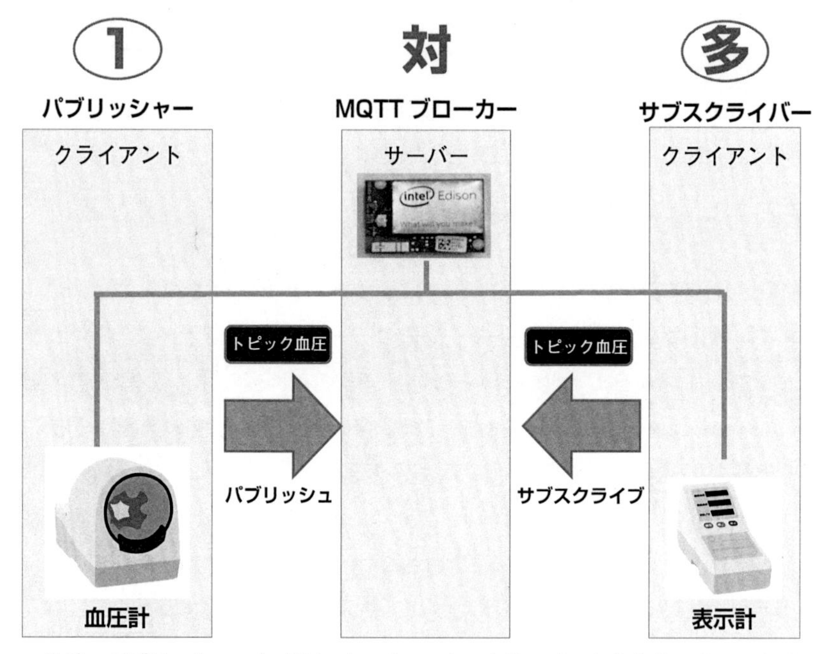

注1)　**パブリッシャー**(publisher)：ブローカーをサーバーとするクライアントで，トピック(メッセージ)をブローカーに引き渡す．(メッセージの発行者)
注2)　**ブローカー**(broker)：パブリッシャーから取得したトピック(メッセージ)をサブスクライバーに引き渡す役割をもつ．
注3)　**サブスクライバー**(subscriber)：ブローカーをサーバーとするクライアントで，ブローカーを仲立ちとして，パブリッシャーからのトピック(メッセージ)を取得参加する．(メッセージの取得参加者)

図 2.3　MQTT のプロトコルの送受信

トピックスの指定には，「#」と「+」を用いて，/blood/# とすると，すべての血液に関する，血圧，血糖に関するデータをサブスクライバーが取得参加する．また，/blood/pressure/+/first time とすると，血圧の上限と下限のデータが引き渡される．例えば，/blood/pressure/lower limit/first time の値が，「80」とすれば，第1回目測定の血圧の下限の「80」と血圧の上限値「130」の値をサブスクライバーが取得参加する．

以下にプロトコル例を示す．

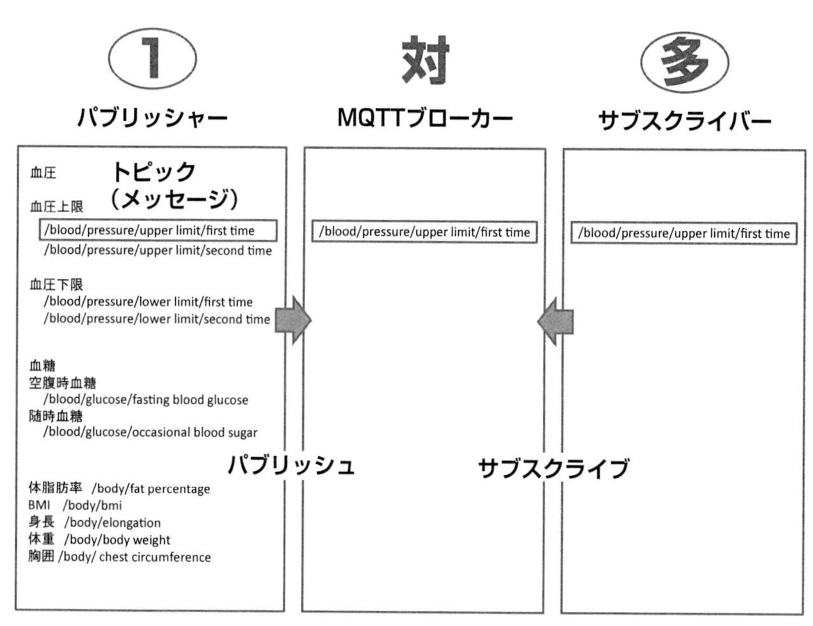

注 1)　**パブリッシャー**(publisher)：ブローカーをサーバーとするクライアントで，トピック(メッセージ)をブローカーに引き渡す．(メッセージの発行者)
注 2)　**ブローカー**(broker)：パブリッシャーから取得したトピック(メッセージ)をサブスクライバーに引き渡す役割をもつ．
注 3)　**サブスクライバー**(subscriber)：ブローカーをサーバーとするクライアントで，ブローカーを仲立ちとして，パブリッシャーからのトピック(メッセージ)を取得参加する．(メッセージの取得参加者)

図 2.4　MQTT でのトピックスの授受

〈血圧〉

血圧上限	/blood/pressure/upper limit/first time
	/blood/pressure/upper limit/second time
血圧下限	/blood/pressure/lower limit/first time
	/blood/pressure/lower limit/second time

〈血糖〉

空腹時血糖	/blood/glucose/fasting blood glucose

随時血糖　　/blood/glucose/occasional blood sugar

〈身体測定〉

体脂肪率　　/body/fat percentage

BMI　　/body/bmi

身長　　/body/elongation

体重　　/body/body weight

胸囲　　/body/chest circumference

↓

血圧　第1回目の下限値

/blood/pressure/upper limit/first time

すべての血圧に関する情報

/blood/pressure/#

第1回目の血圧の情報(下限値と上限値)

/blood/pressure/＋/first time

2.8　一体型と切離し型のセンサーデバイス

センサーデバイスは，一体型と切離し型に分離でき，用途により使い分けされる(**図 2.5**)．例えば，ウェアラブル端末は腕に着けるため，スマートフォンと一体で使用するよりは，本体と分離して使用したほうが使いやすい．また，血圧計も，表示器と一体型で使用するよりは，血圧を測定する器具と表示器を分離して使用したほうが，操作性が向上する．

一方，自動車やマルチコピー機などでは，リアルタイム性が要求され，例えばマルチコピー機では，遅延は 0.1 msec 以下を要求される．自動車では CAN の車載 LAN の統制下，センサーデバイスと物理的要素が一体型で使用される．HEMS(Home Energy Management System：住まいのエネルギーの見える化を推進して設備類を賢く管理すること)の場合は，家屋のある風呂や，炊飯器，防犯設備と接続する必要があり，無線が授受できる範囲に設置される必要から，Wi-Fi の利用が多く，地域 LAN を経由してインターネットへと接続

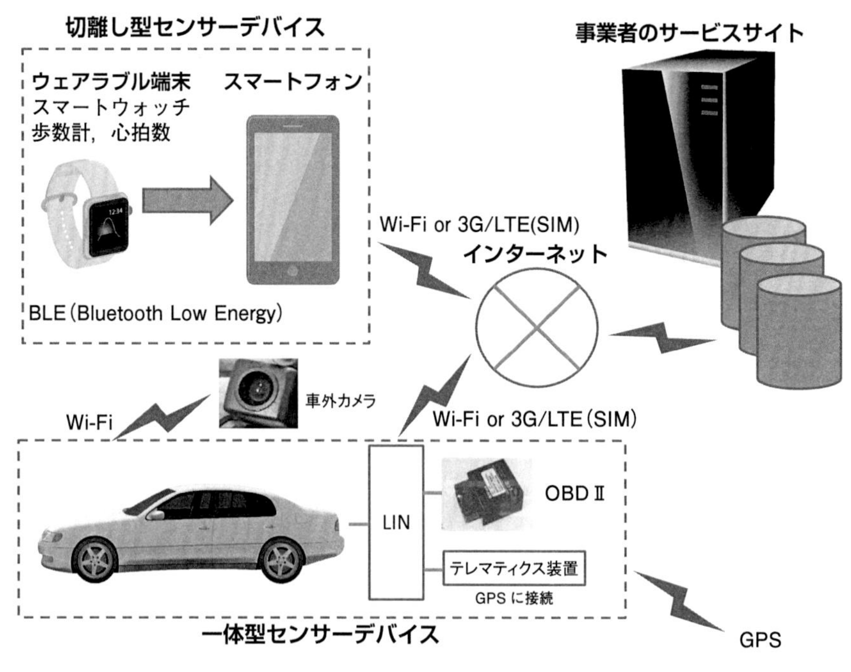

図 2.5　一体型と切離し型のセンサーデバイス

する．ホームセキュリティシステムでは，玄関ドアのカンヌキセンサー，窓の開閉センサー，人体検知センサーは，Wi-Fi を利用して，監視ユニットに接続し，電話回線へとつながる．異常を検知すると，電話回線を通じてホームセキュリティのセンターへと発報し，ホームセキュリティシステム上の異常を，監視センターのコックピット上に地図とともに表示される．この場合の HEMS のデバイスは分離型デバイスである．

また，BLE（Bluetooth Low Energy）接続やセンサーデバイスと物理的要素の接続時は，インターネットに接続するための IP アドレスをもたないために，Wi-Fi や 3G/LTE の接続の機能を保有したデバイスを経由して，各製品がインターネットに接続される．自動車の場合は，テレマティクス装置や OBD II がその役割を担う．マルチコピー機についても，同様なデバイスを経由してインターネットに接続される．

日産自動車の電気自動車「リーフ」では，携帯電話の専用モバイルアプリを動作させて，インターネットを経由して，日産のサービスサイトのAPIにアクセスする．会員を認証し日産の所定のサービスを会員に提供する．

2.9　M2Mのセキュリティ上の要求事項(ETSI TS 102 689)

欧州電気通信標準化機構(ETSI)は，ETSI TS 102 689で，次のM2Mの10項目のセキュリティ上の保護すべきサービス要求事項を示した(**図2.6**)[9]．

① 認証

② M2Mサービス層の機能またはM2Mアプリケーションの認証

③ データ転送の機密性

④ データの完全性

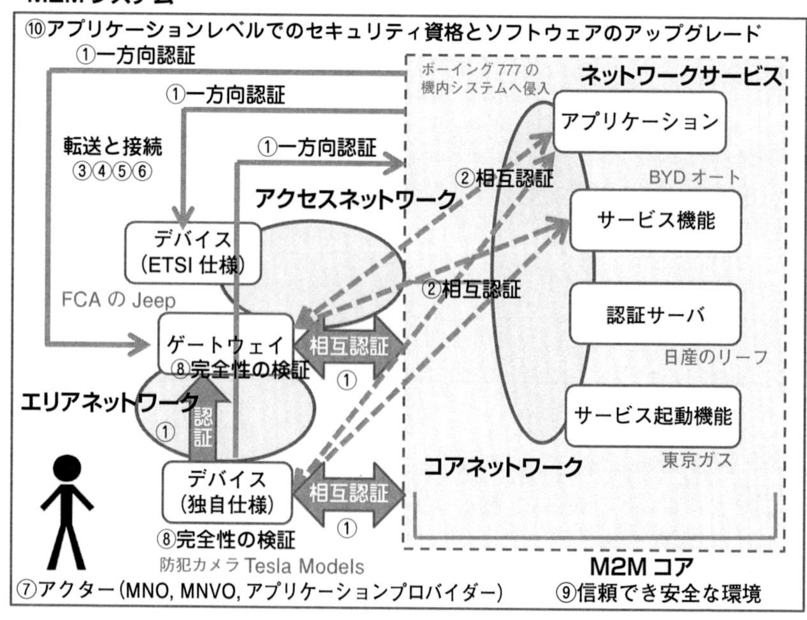

図2.6　セキュリティ上の要求事項(ETSI TS 102 689)

⑤　ネットワーク接続の悪用防止

⑥　プライバシー

⑦　複数のアクター

⑧　デバイス／ゲートウェイの完全性の検証

⑨　信頼でき安全な環境

⑩　アプリケーションレベルでのセキュリティ資格とソフトウェアのアップグレード

以下にそれぞれの要求事項について詳述する.

①　認　　証

M2M システムは，M2M コアと M2M デバイスまたは M2M ゲートウェイの相互認証(mutual authentication：当事者間での相互認証)，および M2M コアによる M2M デバイスまたは M2M ゲートウェイの一方向の認証(authentication：当事者間での一方向の認証)を行うこと．例えば，相互認証は，サービスプロバイダーとサービスを要求するもの(entity：組織や人，物，他)との間で要求され，適切なレベルでのセキュリティを確保した強い認証を選択すること．各サービスは，他のサービスと独立して認証を行うこと.

M2M ゲートウェイを介して接続された M2M デバイスは，M2M システムあるいは認証された M2M ゲートウェイを，直接認証する.

例えば，ボーイング 777 では，エンジン推進力制御装置および姿勢制御装置へのアクセスの初期パスワードが，デフォルトの管理者名とパスワードのままであったためハッキングを受けた.

②　M2M サービス層の機能または M2M アプリケーションの認証

データアクセスまたは M2M デバイス／ゲートウェイへのアクセスがあると，M2M デバイスまたは M2M ゲートウェイは，アクセス要求を受信した M2M サービス機能または M2M アプリケーションと相互に認証(mutual authentication)すること.

また，認証は，**図2.6**の①，②の順に進めること．

この例には，「Insecam」の防犯カメラの認証情報が初期設定のままであったため，世界各地のカメラ映像を閲覧できたことがある．また，日産自動車の電気自動車「リーフ」の例では，専用モバイルアプリから，メーカーのサービスサイトにアクセスする際に，認証のチェックがない．

③　データ転送の機密性

M2Mシステムは，データ交換の適切な機密性を確保すること．特定のM2Mアプリケーションでは，機密性の適用が必要な場合もあれば，そうでない場合もある．ハードウェアによるセキュリティ基盤であるTCG(Trusted Computing Group)が策定したTPM(Trusted Platform Module)により，公開鍵・秘密鍵を用いた暗号化機能の利用方法がある．

例えば，中国のBYDオートのドアロック解除の事例では，ログイン時のIDおよび登録情報がテキスト情報で送信され，スニファー被害に遭った．

④　データの完全性

M2Mシステムは，交換されたデータの完全性を検証するメカニズムを保有し検証すること．仮に，不正にデータが書き換えられたりすると，検証できる仕組みが必要である．

完全性はデータの完全性とシステムの完全性の2つがあり，データの完全性は正確で，交換中にデータの誤りがなく，改ざんや劣化，損傷のない状態を示す．なお，システムの完全性は⑧の要求事項である．

また，システムの完全性とは，ファームウェアの改ざんやウイルスの感染がなく，システムが問題なく稼働し，システムダウンなどが生じないことをいう．完全性(integrity)は，正確性とともに用いられ，妥当性，適時性の要求事項を含む．IoTにおける妥当性とは，悪意のある者からの利用を制限し，認証を含めアクセスの正当性を確認することである(妥当性の要求)．また，ハードウェアとソフトウェアが一体として動作し，リアルタイム性の要求事項を満たした使用適合を満たしていることが要求される(適時性の要求).

⑤ ネットワーク接続の悪用防止

M2Mセキュリティソリューションでは，M2Mデバイスおよびゲートウェイの不正使用を防止すること.

⑥ プライバシー

M2Mシステムはプライバシーを保護すること.

⑦ 複数のアクター

M2Mシステムは，M2Mサービスの全体をとおして関係している複数のアクターと協調して，セキュリティを確保しM2Mサービスを提供すること.

複数のアクターとは，セルラーネットワークオペレーター(MNO：Mobile Network Operator，通信回線網を独自に設置している携帯電話事業者のことで，NTTドコモやauなど)，モバイル仮想ネットワークオペレーター(MNVO：Mobile Virtual Network Operator，例えば，BIGLOBE，mineo，UQmobile，GMO，OCNモバイルONEなど)，携帯電話のアプリケーションを提供するアプリケーションプロバイダーの3つである.

日本のMNVOは，NTTドコモ(以下，ドコモ)あるいはauの通信回線網を借りて事業を行っている．M2MデバイスとMNOの間に，MNVOが介在すると，M2Mデバイスにとっては，MNVOがホームネットワークとなる.

固定電話であれば，電話機の存在する場所が電話番号で決まるが，携帯電話では，その時々によって存在場所が変わり，携帯電話が基地局につながると，携帯電話のSIMカードのデータを読み取り，携帯電話会社のユーザー情報が掲載された「加入者情報管理装置」と呼ばれるHLR/HSS(Home Location Register/Home Subscriber Server)にアクセスし，携帯電話会社のネットワークが使用できるかを確認する．このことが，SIMを変更して，ドコモあるいはauのどちらか一方しか利用できない理由である．日本でも，mineoなどのようにドコモおよびauの両方の回線が使える業者が現れ，APN(Access Point Name)を自動的に設定できるなど，付加機能の強化が期待される．そのためには，ドコモあるいはauが保有する電話番号，契約内容IMSI(SIMの識別番号)，携帯電話の現在地，現在地への通信経路と紐づけた原簿(HLR/HSS)をMNVO業者に提供することが必要である．

M2Mサービスの全体をとおして，アクターは3つ存在しているが，セルラーネットワークプロバイダー(MNO)，モバイル仮想ネットワークオペレーター(MNVO)は，ネットワーク上でセグメンテーション(分離)され独立している．

⑧　デバイス／ゲートウェイの完全性の検証

M2Mシステムが，M2Mデバイス／ゲートウェイの完全性を検証(完全性が実現していることを確認)するためのメカニズムを保有し，M2Mデバイス／ゲートウェイの完全性を検証していること．仮に，デバイス／ゲートウェイの完全性を検証していない場合は，デバイス／ゲートウェイでの認証許可を与えないこと．

例えば，M2Mゲートウェイやデバイスに実装したソフトウェアのマルウェアなどによる改ざんや改造の有無を検知し，正規のプログラムでない場合はプログラムの実行許可を与えない．

デバイス／ゲートウェイの完全性の検証のメカニズムは，M2Mシステムからの要求で初期化されるか，M2Mデバイス／ゲートウェイによっていつでも自律的に開始するものとする．

M2Mシステムに，デバイス／ゲートウェイに履歴ログ機能をもっている場合，M2Mデバイス／ゲートウェイにおける不正操作検出の履歴ログを遠隔で取得すること．

例えば，CANメッセージを監視し，MAC(メッセージ認証符号)のない不正なメッセージがあると，エラーメッセージを返信し，不正メッセージを破棄する．

MAC以外に,「電子署名方式」が考えられ, IDS(Intrusion Detection System：侵入検知システム)の導入が検討されている.

⑨　信頼でき安全な環境

製品品質の領域では,「信頼性(reliability)」とは, 製品が故障なく稼働し続ける時間的な安定性をいい, IoTの信頼(trust)とは, 安心して信用できることである.

M2Mデバイスの完全性の検証では, 信頼できる実行環境が提供されること. また, 信頼された環境(Trusted Environment：TrE)とは, 機密機能の実行と機密データの保管のための信頼性のある環境("もの"(entity)：組織, 人, 物, など)であること. TrEの機能の実行を通じて生成されたすべてのデータは, 権限のない外部の環境により認識されないこと. TrEは, M2Mデバイスの完全性のチェックとデバイスの妥当性の確認(使用適合性の確認)を行うために必要な機微な機能(秘密キーの保存やその秘密キーを用いた暗号計算の提供など)を保有し, 検証と妥当性の確認を行うこと.

ENISA(European Network and Information Security Agency：欧州ネットワーク情報セキュリティ庁)では, "Supply Chain Integrity — An overview of the ICT supply chain risks and challenges, and vision for the way forward Version 1.1"を発表(2015年9月)し, 信頼性(trust)を次の3つで定義した.

① 提供者の信頼性
② デバイスやセンサーが創出するデータの信頼性
③ デバイスやセンサーが仕様通り稼働する信頼性

ボーイング777機の不正侵入では, 機内ネットワークが, 娯楽システムと飛行機の制御システムで, 同一のイーサーネットワークで接続され, 搭乗者という第三者の参加が容易である. 信頼できない搭乗者が飛行機の制御システムにアクセスしている. ネットワークは目的や用途ごとに分離する必要がある.

それ以外にも, 生産工程や販売店の従業員などが暗号キーを盗み取るなどもある.

⑩ アプリケーションレベルでのセキュリティ資格とソフトウェアのアップグレード

セキュリティポリシーで宣言し，M2Mシステムは，アプリケーションレベルで以下の機能をリモートで提供すること．

- M2Mデバイス／ゲートウェイのアプリケーションのセキュリティソフトウェアおよびファームウェアの更新を行い，セキュリティを向上すること．
- M2Mデバイス／ゲートウェイのアプリケーションのセキュリティソフトウェアのコンテキスト(セキュリティキーとアルゴリズム)の更新を行い，セキュリティを向上すること．

この機能性は，耐タンパー環境(tamper-resistant environment：M2Mデバイス／ゲートウェイのTrEまたはセキュリティエレメントなどの不正(改ざんおよびその他の不正)が入り難い環境)によって提供されること．

参考文献

〔1〕 保坂明夫，青木啓二，津川定之：『自動運転』，森北出版，2015.
〔2〕 S. Kamkar: "Drive It Like You Haced It :New Attacks and Tools to Wirelessly Steal Cars," DEF CON 23 Hacking Conference, Aug. 2015.
〔3〕 日経コミュニケーション編集部：『成功するIoT』，日経BP社，2015.
〔4〕 Hugo Teso: "Aircraft Hacking — Practical Aero Series," HITSECCOMF, 2013.
〔5〕 Jingo Montoya: "Hackers +Airplanes," DEF CON 20 Hacking Conference, Aug. 2015.
〔6〕 Philip Polstra: "Cyber hijacking Airplanes," DEF CON 22 Hacking Conference, Aug. 2015.
〔7〕 2015年8月にラスベガスで開催された情報セキュリティ国際会議 Black Hat USA 2015とDEF CON 23.
http://scan.netsecurity.ne.jp/special/3279/recent/Black+Hat+USA+%EF%BC%8F+DEF+CON
〔8〕 ETSI: ETSI TS 102 690, Machine-to-Machine communication(M2M); Func-

tional architecture version 2.1.1., Oct. 2013.
[9] ETSI: ETSI TS 102 689, Machine-to-Machine communication(M2M); M2M service requirements version 2.1.1., Jul. 2013.
[10] 電気学会 第2次M2M技術調査専門委員会(編):『M2M/IoT システム入門』, 森北出版, 2016.
[11] 中尾康二:「脆弱な IoT 機器の現状, 及びそのための効果的な対策」, 日本セキュリティ・マネジメント学会第29回学術講演会, 2016.
[12] 独立行政法人情報処理推進機構技術本部セキュリティセンター:「自動車の情報セキュリティへの取組みガイド」, 2013.
https://www.ipa.go.jp/files/000027273.pdf
[13] Valask, C. and C. Miller: "Remote Exploitation of an Unaltered Passenger Vehicle," Technical White Paper, pp. 1-93, IOActive Security Service, Aug. 2015.
[14] Kamkar, S. : "Drive It Like You Haced It :New Attacks and Tools to Wirelessly Steal Cars," DEF CON 23 Hacking Conference, Aug. 2015.
[15] Miller, C. and C. Valask: "Advanced CAN Injection Techniques for Vehicle Networks," Black Hat USA 2016, Aug. 2015.
[16] 株式会社 NTT データ, 河村雅人, 大塚紘史, 小林佑輔, 小山武士, 宮崎智也, 石黒佑樹, 小島康平:『絵で見てわかる IoT/センサの仕組みと活用』, 翔泳社, 2015.
[17] troyhunt.com: "Controlling vehicle features of Nissan LEAFs across the globe via vulnerable APIs," Feb. 2016.
https://www.troyhunt.com/controlling-vehicle-features-of-nissan/2016/02
[18] Telematics News: "China:Hackers attack BYD Cloud telematics system," Telematics News, 13 Jul. 2015.
[19] Samy Kamkar: "Drive It Like You Hacked It: New Attacks and Tools to Wirelessly Steal Cars," Las Vegas USA, DEF CON 23 Hacking Conference, 23 Aug. 2015.
[20] Charlie Miller & Chris Valasek: "Hackers Remotely kill a jeep," Advanced CAN Injection Techniques for Vehicle Networks, Las Vegas USA Black Hat USA 2016, 30 Jul. 2016.

第3章

IoTの品質

畠中伸敏

3.1 IoTの品質特性

ファームウェア(firmware)とは，デバイスと一体化して動作するソフトウェアのことで，家電製品，携帯電話，マルチコピー機，Fax，自動車の制御ソフトなどがある．ソフトは再書き込みできないROMに書き込まれ，ROMに接続されたデバイスを制御する．

会計計算ソフトなどのアプリケーションソフトは，パフォーマンスの良さは求められるが，マルチコピー機の制御ソフトのようにリアルタイム性や，携帯電話のように音声の遅延は0.2秒以下などの要求はない．リアルタイム性の要求について考えると，例えば，自動車の制御ソフトで，ブレーキを踏んでから，0.5秒後に，ブレーキが動作するといっても，利用者は何らかの不安を感じるだろう．

ファームウェア(制御ソフト)は，ソフトウェアとハードウェアが一体化したもので，その動作はソフトウェアとハードウェアが互いに同期をとって動作する．

小型無人機(ドローン)を例に考えてみよう．楽天が千葉市と共同して，東京の沿岸部にある倉庫から，ドローンに書籍を積んで，美浜区にあるマンションに海上を飛行して宅配する実験を行った．ポイントは，LTE回線の利用と海上での飛行である．LTE回線は通常1km程度の範囲でのみ有効であるが，当日は，約40km離れた東京の世田谷からドローンの離着陸を指示し，ドローンは自律飛行し実験は成功した[1]．ものがネットワークにつながることにより，大きな経済効果が期待できる．

一方では，利用者や商品を提供する生産者のみではなく，ドローンが問題なく自律飛行すれば良いが，ドローンが飛行する真下に船舶が航行している．そこへ落下すると，それなりの被害が想定される．当日は，ドローンが飛行する区域への船舶の立入りを禁止した．

Wi-Fiなどの無線は，「天候」，「地形」，「ノイズ」などの影響を受けやすい．実験は，東京の沿岸部にある倉庫と千葉市の「いなげの浜」の間を飛行したが，山間部であると，山に電磁波が反射し，上手く無線を拾うことができない．同様に雨の日は電波が弱く，安定した室内では，問題なく動作したデバイスも，屋外に出ると，多くの電波が飛び交い，受信すべき電波をノイズとともに拾うことになる．

デバイスに通信機能が付加されて，ネットワークにつながるものがIoTである．したがって，IoTの品質とは，「もの(ハードウェア＋ソフトウェア)」＋ネットワーク(通信)として考え，ソフトウェアの欠陥を残存させることは，脆弱性をそのまま放置し，攻撃者に恰好の標的を提供する．セキュリティ上に問題が生じる．

まず，**3.2節**では，IoT全体に要求される品質について述べ，次に**3.3節**でソフトウェアの品質について解説する．最後に，IoT製品全体の品質に立ち返り，IoTの要求する品質とセキュリティの抜けを防止するための方策として，**3.4節**でユースケースについて解説し，実環境を想定した試験方法であるテストベッドについて**3.5節**で解説する．

3.2　IoT に要求される品質

IoT に要求される品質は以下のとおりである.

① 通信品質

- 「天候」,「地形」,「ノイズ」からの影響
- パフォーマンス
- 回線速度
- 通信容量
- トラフィック密度
- その他

② ハードウェアと一体化して動作する必要性

- リアルタイム性
- 通常は，0.1 秒以下
- マルチコピアは 0.1 msec 以下
- その他

③ ハードウェアの品質

- ハードウェア機能的要求事項
- 信頼性
- 安全性
- その他

④ ソフトウェアの品質

- ソフトウェア機能的要求事項
- ソフトウェアの信頼性(残存する欠陥数と致命度および欠陥密度)
- パフォーマンス
- 操作性
- その他

3.3　ソフトウェアの品質

(1)　ソフトウェアの品質上の要求事項

ソフトウェアの品質上の要求事項は次の3つに分けられる.

① 機能的要求事項：ソフトウェアは使用目的をもっており，この使用実現を達成するためにインプットとアウトプットの関係で定義された機能上の要求事項.

② 非機能的要求事項：性能，保護，機密性，安全性などの要求事項で，常に存在するシステムの有用性の観点から要求される要求事項.

③ プロセスの要求事項：ソフトウェアを機能実現するためのハードウェア上の実現プロセス(技術的観点，制約条件，その他).

ソフトウェアの外注などで大きなクレームとなるのは，発生した欠陥よりは，上記②のソフトウェアの性能や，③のメモリー喪失などのハードウェアの制約条件を忘れた物理設計の不足による場合が多い.

(2)　開 発 計 画

製品実現のために必要なプロセスを計画し，構築することが必要で，製品に特有なプロセスの確立および設計書などの作成が必要性である.

開発計画書の項目には次のものがある.

① プロジェクトの組織，プロジェクト内の組織，顧客と供給者の組織上のインタフェース，共同開発組織とのインタフェース

② 採用するライフサイクルモデル

③ 経営資源，日程計画，マイルストーンと設計活動との対比

④ 進捗管理

⑤ 設計活動と責任者

⑥ 要員構成と資格

⑦ 工程表(設計開発の進展に応じて設計の各段階の詳細日程表へ展開)

⑧ 設計段階から次の段階への移行基準

⑨　設計のインプットとアウトプット

⑩　関連計画書への参照

(3)　ソフトウェアの開発モデル

プロセスとは「インプットを使用して意図した結果を生み出す，相互に関連する又は相互に作用する一連の活動」(ISO 9000：2015 の 3.4.1)として定義される．それぞれのプロセスについて，「インプット」と「アウトプット」を明確にし，適切な方法で「監視」し，組織の必要性に応じて「測定」する．

図 3.1 のように設計全体を一つのプロセスとし，顧客の要求事項を設計全体のインプットとすると，アウトプットは設計全体のアウトプットである．設計行為のアウトプットがインプットを満たしていることを正式かつ文書による確認が DR(Design Review：設計審査)となる．また，全体のアウトプットが全体のインプットを満たしていることを確認することが検証である．つまり，ソフトウェアの実現物が設計者の狙いとする顧客の要求事項を満たしていることを確認することが検証といえる．さらに，顧客の要求事項ではなく，ソフト

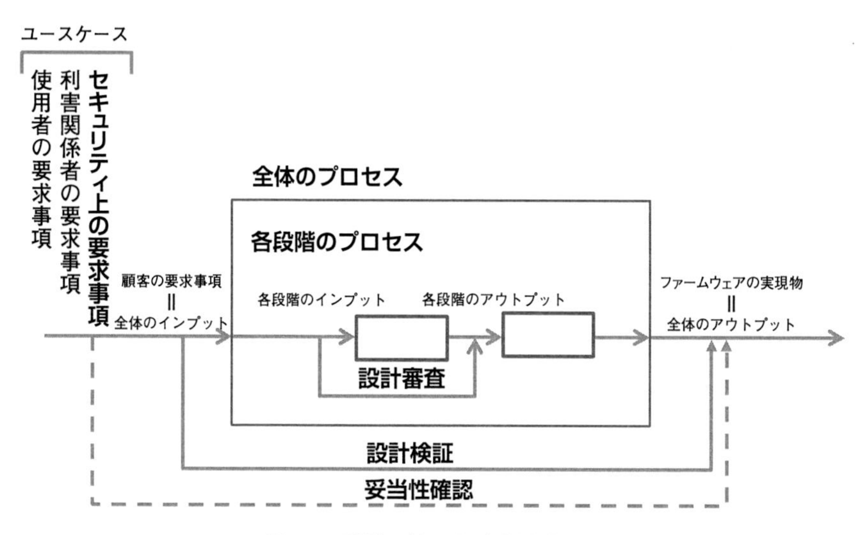

図 3.1　設計の検証と妥当性確認[2]

ウェアの実現物が使用者の要求事項を満たしていることが妥当性確認となる.

開発モデルに対する束縛を受けないが，Vモデルでは，各段階のアウトプットがどの段階でインプットを満たしているかを検出するかの対応関係が明確である．インプットされたものの処理の欠陥を検出できる段階は次のプロセスではなく，検出できる段階の対応するプロセスが存在し，それはV字型に示されたプロセスで検出することになる．例えば，仕様は総合テスト，設計プロセスは結合テスト，モジュール設計については単体テストでソフトウェア上の欠陥を検出できる(**図3.2**).

ソフトウェア開発において，まず，組織は，設計・開発の段階，管理を決定する際，レビューを含む，プロセス段階，検証，妥当性確認を考慮する(ISO 9001：2015の8.3.2 b)，c)).

もちろん，設計へのインプットを設計全体に対するインプットとしても良いし，逆に設計行為を区切った活動の段階のそれぞれのインプットとして扱ってもよい.

設計・開発の計画

組織は，製品の設計・開発の計画を策定し，管理する．設計・開発の計画において，組織は次の事項を明確にする.

- 設計・開発の段階
- 設計・開発の各段階に適したレビュー，検証および妥当性確認
- 設計・開発に関する責任および権限

ところで，ソフトウェア開発の失敗を防ぐための系統だった方法の一つは，ソフトウェアのライフサイクルを通じて管理を行うことである．1989年，T. Mannsが，設計行為をいくつかの段階に分割し，各段階に小目標を与え管理することにより，製品実現の達成度合いをわかりやすくすることを提唱した[2].

各段階には自然発生的な区切りが存在し，この区切りをベースラインと呼び，各段階をアウトプットにより定義した．これにより，各段階に目標を与え各段階で目標が達成されるようにする．しかし，すべての戻りが存在すること

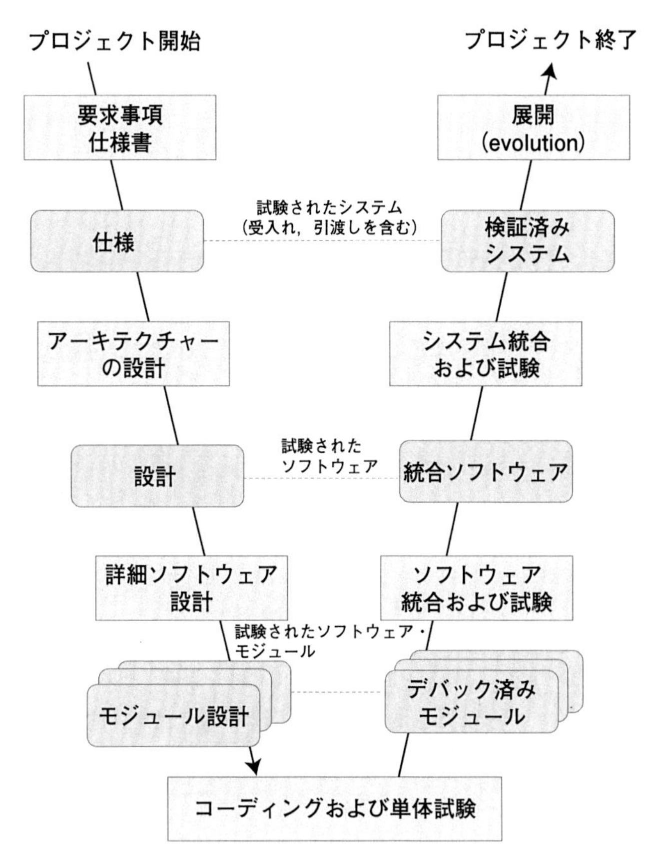

図 3.2　ソフトウェア開発モデル(V モデル)[2]

になり開発コストは増大するので，プロセスモデルにレビューを入れてプロセスを改善し，リサイクリングが最小に保たれるようにすることで各段階の品質目標が達成され，結果的にコストの最適化が図られる．

また，各プロセスで，責任と権限を明確にすることが求められ(「責任及び権限を割り当てる」(ISO 9001：2015 の 4.4.1 e))，次の段階に進める前に，承認を受けることは，次のプロセスに活動を移す際に，自工程で品質上の問題点を十分に潰してから次工程に移すことになる．これはソフトウェアのプロセスの移行確認に相当する．

さらに，次の段階に進める前に承認を受けることは，アウトプットによって定義された各段階の自然発生的な区切りが明確になり，この区切りがベースラインとなる．設計・開発の各段階でアウトプットの定義とベースラインを明確にできる．

実際，設計完了のベースラインは，例えばソフトウェアの内容物をハードコピーする製造に移る寸前の状態を設計完了時点とし，これ以降の設計変更を「変更の対象」とする方法がある．ベースラインが適切でない場合は，頻繁な設計変更に対して実施前に承認を要求する．逆に，重大な設計変更が生じているにもかかわらず，承認されずに実施される場合がある．

そこで，もともとのソフトウェア製品の開発の流れである「開発計画」→「設計・開発管理」→「検証」→「運用管理」とプロセスを対応させ，ソフトウェア開発の流れを分割する．

一方，ソフトウェアの設計はトップダウン設計だとかボトムアップ設計だとかいわれながら，結局はソフトウェアを動かすためにはハードウェアがないと動作しない．つまり，最終的なソフトウェア製品の設計は物理設計となる．

コンピュータシステムの動作環境は，デバイス，通信機器，PC，メインフレームのホストコンピュータなど多岐にわたるハードウェアの製品から構成され，これらを統括して設計することのフェーズ(基本設計：アーキテクチャーの設計フェーズ)が十分でないと，ソフトウェア開発は失敗に終わる．

例えば，システム分析を行い要求定義，基本設計と進み，ソフトウェア製品の開発の末期になりプログラムを完成させたところで，顧客の要求事項と違うプログラムが作成され，大幅変更を余儀なくされ途中中断となる．

他方，小規模ソフトウェア開発では2001年2月，携帯電話P503iで発生したメモリー喪失のソフトウェア欠陥の問題がある．メモリー容量などの限界値のところで発生したものである．いずれの問題もソフトウェアはハードウェア上で動作することから，そのハードウェアの限界を知り，物理設計が重要である．ここで物理設計とは，必要な範囲でハードウェアの動作と限界を知り，ソフトウェアの設計に反映することである．

(4)　ソフトウェアの特殊性

ところで，ソフトウェア製品とハードウェア製品は根本的に異なるところがある．一つ目はソフトウェアをつくる人と使用する人が異なることである．例えば，テレビやカメラは設計者が自分で設計し，自分で見たり使用したりする．しかしながら，ソフトウェア製品の場合は，例えば航空管制システムは管制官が使用するが，システムを開発するのは，まず，管制システムの知識がないSE(システムエンジニア)やプログラマーである．このことにより，使用者や使用実態と開発者の意図するものとの間で差異が生じやすい．この差異を解消せずに市場に出荷すると，欠陥として顕在化する．

二つ目はソフトウェア製品は「可視性が乏しい」ことである．メカ製品であれば，目で見て欠陥部分がわかるが，ソフトウェア製品はコンピュータに与える命令のロジックから構成され，どの部分に欠陥があるのか，目で見て明らかにすることは難しい．

また，プログラムはコンピュータに与える命令の論理構造の組合せとなるため，プログラムのすべての欠陥を除去するための試験は膨大な量となり，組合せの爆発が起こる．

ソフトウェアの笑い話に，家の畳のダニ１匹を見つけて畳を叩いて追い出し，ダニがいなくなるまで畳を叩く．すると畳もなくなっていた．このような話と同様に論理の枝に潜む欠陥をすべて，取り除いたときには，プログラムがなくなっていたという話の喩えである．

そこでソフトウェア製品において，ソフトウェアの欠陥を開発段階で完全に取り除くことが難しいことから，ソフトウェア製品の引渡し後あるいは市場にリリースした後の運用管理が重要となる．

以上，述べたようにソフトウェアの特殊性には，次の２つがある．

① つくる人と使用する人が違う．

② 可視性が乏しい．

(5)　ソフトウェア製品の品質特性

したがって，ソフトウェア製品の品質特性としては，例えば1つの欠陥を摘出してから，次の1件の欠陥が摘出されるまでの時間(平均故障時間間隔(Mean Time To Failure：MTTF)，故障すると交換するのみで修理を伴わない場合に使用する)がある．欠陥が市場で検出されることにより，ソフトウェアの欠陥が顕在化することから，逆に欠陥発見の顕在化しにくさのパラメータとして，単位プログラムサイズ当たりの予測された残存欠陥密度などがある．これらはいずれも，市場で欠陥が顕在化される度合いを示していることから，ソフトウェア製品の完成度や品質特性として用いることができる．

この予測値としては，欠陥死滅曲線の ETGM(Exponential Trend Growth Model)や GTGM(Gamma Trend Growth Model)により求めることができる．ただし，この曲線の意味するところは，同様の試験を行っていても，これ以上欠陥を検出できないという指標であり，ソフトウェア製品の品質特性として，まだ理論的に十分に保証されてない．

ソフトウェア製品の合否の判定基準には，例えば次のようなものがある．

- 推定残存欠陥数：5％
- 推定欠陥密度：0.2 件／1 k・step
- MTTF：100 h ～ 160 h

なお，ソフトウェア欠陥の話がわかりやすいので，以下ではソフトウェア欠陥に関して説明を進める．

また，合否の判定基準は次工程あるいは出荷するときに，製品の完成度を監視および測定する製品特性に関するものであるから，生産性の指標とは性格が異なる．

(6)　試 験 方 法

ソフトウェア製品をソフトウェア試験によっていかに監視し，測定するかについて述べる．

ソフトウェアの欠陥には次のものがある．

①　論理構造上の欠陥

②　プログラムがもつパラメータにより引き起こされるエラー

③　タイミングエラー

プログラムそのものは，コンピュータに与える命令の手順と分岐(場合分けをして命令を与える)からなり，木の枝に喩えられる論理のツリー構造からなる．このツリーに論理矛盾があると欠陥と称し，プログラムの実行でなんらかの欠陥が生じる．この欠陥を取り除くためにプログラムの論理構造に従って試験を行う．これをホワイトボックステストという．

ホワイトボックステスト(テスト十分性の指標)に次のものがある．

- K・step 当たりのテスト消化工数
- テスト・カバリッジ

例えば次のように使われる．

- C_0 = 100 %(プログラムのステートメントを 1 回は実行した割合)
- C_1 = 80 %(プログラムの分岐命令を 1 回は実行した割合)
- S_0 = 100 %(モジュールを 1 回は実行した割合)
- S_1 = 80 %(親子関係にあるモジュールを 1 回は呼び出して実行した割合)

どのようなソフトウェア開発モデルを用いるかにより違うが，生産性の指標は設計活動の段階の移行基準に用いることができる．

ここで，重要なことはソフトウェア開発の試験活動において，**図 3.3** に示すように試験がさまざまな領域をカバーするように漏れなく(一様性)実施され，欠陥を十分に検出するに必要な試験が十分な量の試験(十分性)が実施されることである．この 2 つが満足されることが重要で，経験上，市場に多量の欠陥を残存させることはない．

次にプログラムを構成するものにパラメータ(および変数)があり，これには想定される範囲で使用している場合には，問題がないが，通常，パラメータの限界値に対して配慮されていないと，限界値に達したところで，なんらかの欠陥が生じる場合が多い(あるいは，限界値に達したところで，プログラムが正常に動作する保証がない)．この欠陥を取り除くためにプログラムのパラメー

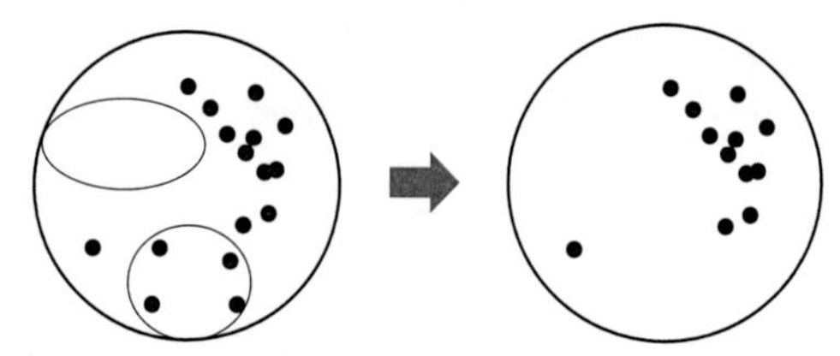

(a)　テストの一様性が保証されないテスト

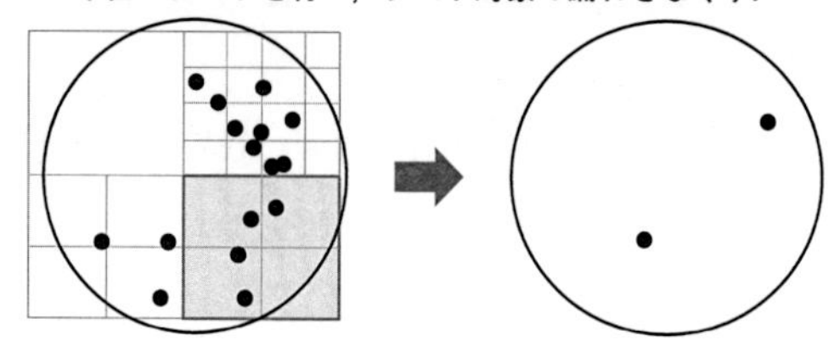

(b)　テストの一様性が保証されたテスト

図 3.3　テストの一様性の保証[3]

タに対して試験を行う．これを限界値テストという(ブラックボックステスト).

ブラックボックステスト(パラメータのテスト)では次のようなテストを行う.

- 限界値テスト(パラメータの上限値と下限値のテスト)
- 5値テスト(パラメータの上限値，上限値と中央値の中間値，中央値，下限値と中央値の中間値，下限値のテスト)

前述したソフトウェアの欠陥③のタイミングエラーは主に，ファームウェアソフト(ハードウェア内蔵型プログラム)で起こる．例えば，マルチコピー機のプログラムは画像の先端，紙の先端，静電潜像させたドラムの先端の同期をはかり，ドラム上に写し出された静電画像を紙の上に転写する．ここでタイミングの同期がとれないと，画像のずれやその他の障害が生じる(図 3.4).

これらの①および②はすべてのソフトウェア開発で共通した特徴であり，③のタイミングエラーはファームウェアソフトの特徴である.

ソフトウェアの欠陥を取り除くためには以下のテストが実施される.

①　**単体テスト**：プログラムをモジュールと呼ばれる，さらに細かくプロ

▼ コピースタートキーON

	前回転	制御回転1	制御回転2	AE回転	光学系前進	光学系後進	光学系前進	光学系後進	後回転	
	ドラムの感度の安定	ドラム表面電位制御 V_D	ドラム表面電位制御 V_L	原稿濃度測定	像を感光ドラムに投影	光学系をホームポジションに戻す	像を感光ドラムに投影	光学系をホームポジションに戻す	ドラムの表面電位をクリア	次のコピーの準備
メインモーター										
前露光ランプ										
ブランク露光ランプ										
一次帯電帯										
転写前帯電帯										
転写帯電帯										
分離帯電帯										
光学系モーター				前進 後進	前進	後進	前進	後進		
原稿照明ランプ										
給紙クラッチ										

図 3.4　タイミングチャート（マルチコピー機の例）

グラムの独立な部品単位に分割し，モジュール単位に実施されるテスト．設計者が自ら実施する．また，ブラックボックステストとホワイトボックステストから構成される．

② **結合テスト**：ソフトウェア開発の後半部分で，各設計者が開発したモジュールをもちより，一本の実行できるプログラムにまとめ上げ，モジュール間の呼び出し関係の整合性を確認し，不具合を検出する．

③ **機能テスト**：プログラムの実行により，機能仕様書で定義された機能を実現しているかを確認するテスト．

④ **システムテスト**：製品目標および妥当性の確認を含めたテスト．

上記のテストは**図 3.2** に示したＶモデルの前半部分でソフトウェアの欠陥が埋め込まれ，それを検出する段階は，Ｖモデルの折り返した対象な位置の試験活動の段階に沿って実施される．

また，上記のテストは，「検証及び妥当性確認」(ISO 9001：2015 の 8.3.2 c))を計画し，設計・開発からのアウトプットが「インプットで与えられた要求事項を満たす」(8.3.5 a))ことを確実にするために，管理された「検証活動」(8.3.4 c))を実施する．

さらに④の一部は，設計・開発の計画では，「検証及び妥当性確認」(8.3.2 c))を計画し，「意図した目的並びに安全で適切な使用及び提供に不可欠な，製品及びサービスの特性を規定」し(8.3.5 d))，管理された「妥当性確認活動」(8.3.4 d))を実施する．大抵の企業において，妥当性確認はシステムテストで実施される場合が多いが，実行可能な場合にはいつでも，製品の引渡しまたは提供の前に，妥当性確認を完了する．

同様に妥当性確認を行う環境が組織になく顧客の環境に存在する場合は，顧客が実施する検収行為を通じて行う場合もある．

3.4　ユースケース

ユースケースとは，システムとアクターとの相互関係を示したもので，ビジネス上の目標を，どのように機能実現するかのシナリオを示したものである．アクターは，このシナリオ上に登場する役割を担ったものや登場人物である．

アクターは，「曖昧な要求の源泉となるシステムの外側に存在する人や別のシステム」[4]と定義され，ユースケースは「アクターに対して価値を与えるシステムの活動」[4]と定義される．

アクターは映画や演劇での登場人物であるが，本書においてはアクターを「もの」(entity：組織や人，ものなど)として捉え，ユースケースを作成する．このことにより，システムとアクターとの相互関係の漏れをなくし，セキュリティを強化し品質を向上させることができる．

例えば，**3.1節**でも述べた楽天と千葉市が協力した「ドローンの宅配実験」における登場人物は，主役はもちろんドローンであるが，その他の登場する「もの」として，ドローンによって運搬される書籍，電波，約40 km離れたコントロールピット，東京の沿岸部にある倉庫，海上を走行する船舶，千葉市の「いなげの浜」がある．ここで，海，いなげの浜は場面や環境としてシナリオ上に出現するが，相互関係は明らかに存在していて，相互関係を考慮せずに実験の成功はない．

ところで，**表2.1**に示した脆弱性の報告事例では，相互関係やアクターの抜けは次のように存在している.

- 日産自動車の「リーフ」の車内システムへの第三者による閲覧と制御：専用モバイルアプリの利用者と操作対象者との相互関係
- FCA の Jeep の遠隔操作による乗っ取り：匿名ユーザー(ハッカーやサイバー攻撃者が想定される可能性のある)と車載情報システムとの相互関係
- 航空機の機内ネットワークへの不正侵入(ハイジャックの未遂)：機内娯楽システムと航空機の姿勢制御を司るエリアネットワークとの相互関係

オブジェクトとは，ソフトウェアの「なに」を機能実現するかの「なに」に相当し，オブジェクト指向設計で作成される**図 3.5** のユースケース(相互関係など)が設計全体にインプットされなければ，必要なセキュリティや品質が，デバイスやシステム上で実現しない.

日産自動車の設計者は，設計者が設定したとおりに専用モバイルアプリを操作すると考え，FCA の Jeep の設計者も，悪意に満ちた運転者による自動車の操作を想定していない.

同様に，知識レベルの高い技術者にマルチコピー機のユースケースを作成させると(**図 3.5**)，明らかに，人間のミスユース，悪意のあるハッカー，他国からのサイバー攻撃，自然からの脅威が，アクターや相互関係から抜けた(**図 3.5** の塗り潰した部分). **図 3.6** は，抜けたユースケースを考慮したクラスの構成図であり，インスタンスはモジュールを示す.

ここで，クラスとは，「共通する属性と振る舞いをもつ，抽象化された「型」」[4]のことで，インスタンスとは，「実際に存在し，属性に具体的な値をもつ「実体」」[4]のことである.

このことはファームウェアだけに限ったことではなく，ハードウェアで発生した事件や事故にも，同様の現象が出現する.「2004 年 3 月 26 日に東京都港区六本木の大型複合施設「六本木ヒルズ」内の森タワー 2 階正面入口で発生した母親と観光に訪れていた 6 歳男児が三和タジマ製の大型自動回転ドアに挟まれて死亡した」事故では，「ドア天井のセンサーの感知距離の設定が地上から

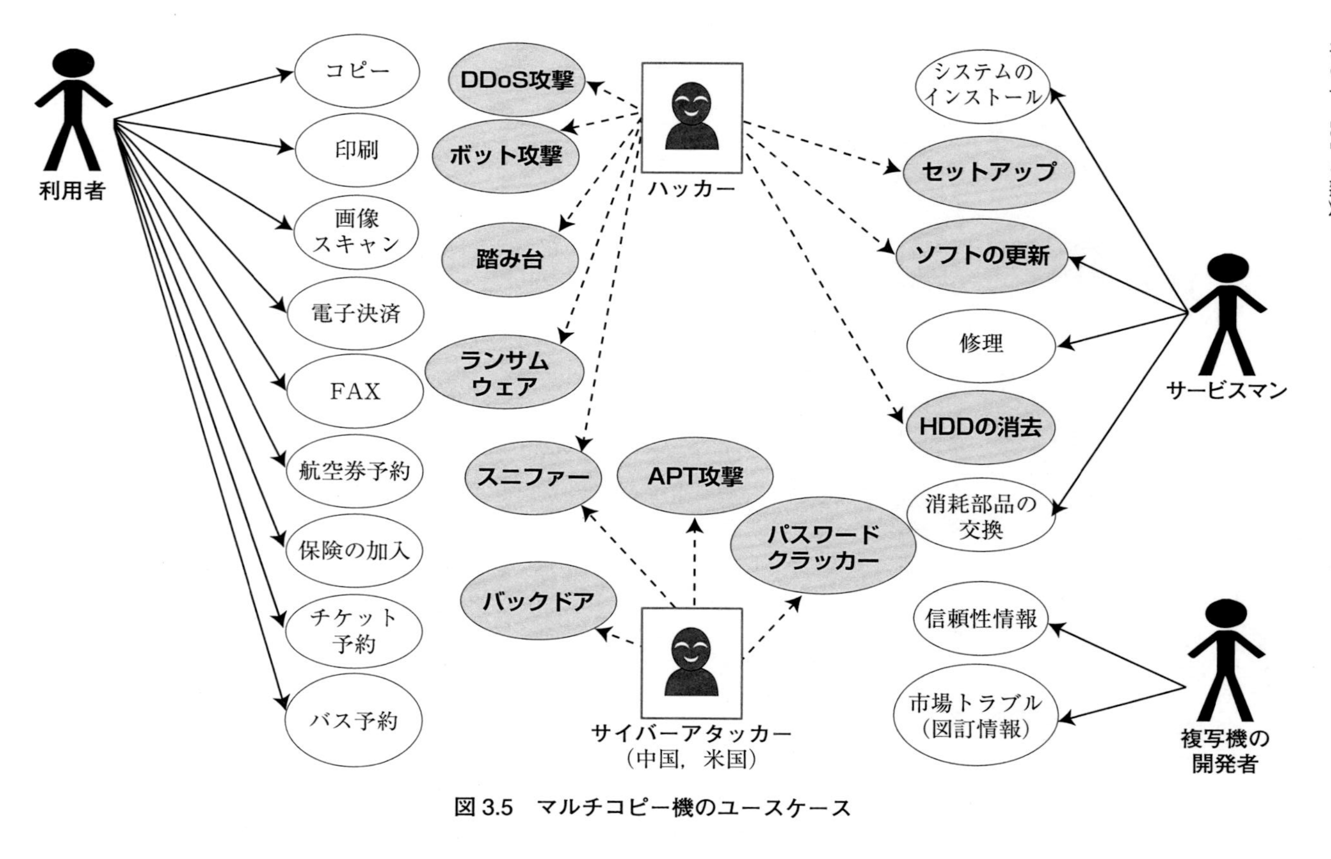

図 3.5　マルチコピー機のユースケース

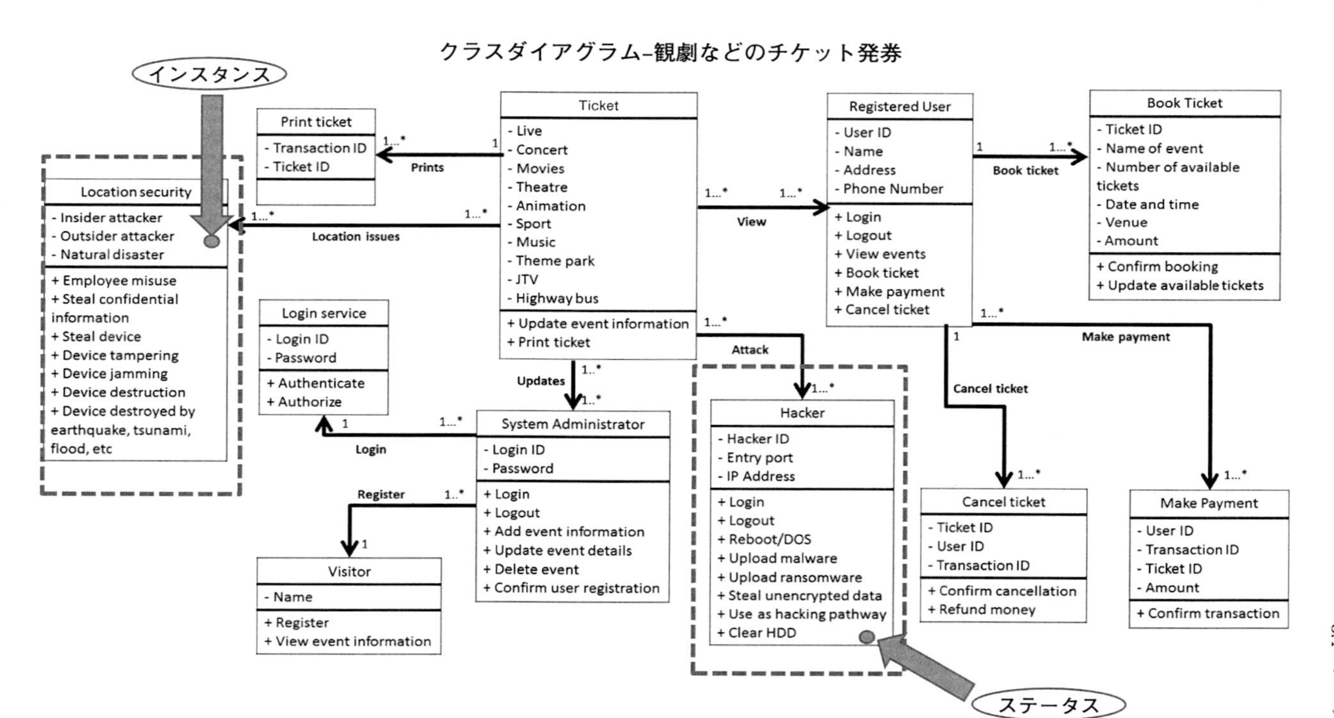

クラスダイアグラム-観劇などのチケット発券
インスタンス
Print ticket
- Transaction ID
- Ticket ID
Ticket
- Live
- Concert
- Movies
- Theatre
- Animation
- Sport
- Music
- Theme park
- JTV
- Highway bus
+ Update event information
+ Print ticket
Registered User
- User ID
- Name
- Address
- Phone Number
+ Login
+ Logout
+ View events
+ Book ticket
+ Make payment
+ Cancel ticket
Book Ticket
- Ticket ID
- Name of event
- Number of available tickets
- Date and time
- Venue
- Amount
+ Confirm booking
+ Update available tickets
Location security
- Insider attacker
- Outsider attacker
- Natural disaster
+ Employee misuse
+ Steal confidential information
+ Steal device
+ Device tampering
+ Device jamming
+ Device destruction
+ Device destroyed by earthquake, tsunami, flood, etc
Prints
Location issues
View
Book ticket
Make payment
Attack
Updates
Cancel ticket
Login
Register
Login service
- Login ID
- Password
+ Authenticate
+ Authorize
System Administrator
- Login ID
- Password
+ Login
+ Logout
+ Add event information
+ Update event details
+ Delete event
+ Confirm user registration
Hacker
- Hacker ID
- Entry port
- IP Address
+ Login
+ Logout
+ Reboot/DOS
+ Upload malware
+ Upload ransomware
+ Steal unencrypted data
+ Use as hacking pathway
+ Clear HDD
Cancel ticket
- Ticket ID
- User ID
- Transaction ID
+ Confirm cancellation
+ Refund money
Make Payment
- User ID
- Transaction ID
- Ticket ID
- Amount
+ Confirm transaction
Visitor
- Name
+ Register
+ View event information
ステータス
1
1...*
1..*

図 3.6 クラス構成図

約120 cmに対して，男児の身長が117 cmであり死角に入ってしまった」[5]ことに起因している．センサーの位置が6歳男児にとっては，少し高い位置に設置され，検出されなかったことにある．ユースケースのシナリオで，6歳男児と回転ドアの相互関係が抜けたためである．

3.5　テストベッド

英国のデ・ハビランド社製の「コメット」という飛行機の連続墜落事故がある．1954年1月10日，BOACのシンガポール発ロンドン行781便と1954年4月8日，南アフリカ航空ロンドン発ヨハネスブルグ行201便として，巡航中に空中爆発した事故である．離陸と着陸による0.58気圧の差圧により，金属疲労が生じて，飛行機の筐体部分のアルミニウム合金に金属疲労が重なり，空中爆発を起こした．0.58気圧の差圧は1飛行ごとに6トンの圧力がかかるが，5万4,000回の金属疲労までは耐えられるものと耐久試験で確証していた．

恐らく当時としては，金属工学や流体力学の粋を集め，飛行機が上昇した場合の気圧差や温度差はクリアすることを確認していた．しかし，ヨーロッパの上空を飛ぶようになると，必要な知識が厖大に広がり，耐久試験の実験空間とヨーロッパの上空とでは，大きな乖離が生じ，その差を解消できないまま，飛行機は墜落事故を起こした．技術者のなかには事故原因を金属疲労と直感したものがいたが，事故に遭った飛行機は航続回数が少ないことから，事故原因が種々に分かれ，原因不明のままであった．そこで，「コメット」と同型の飛行機を巨大な水槽に沈めて加圧試験が行われた．その結果，5万4,000回の金属疲労まで耐えられる設計値は大きく予測を外れ，同型の飛行機は飛行回数900回相当分でクラックが走った[6]．

デバイスやシステムでも同様で，随分，昔の話となるが，金曜日に若者が渋谷のセンター街に集まり，いっせいに携帯電話を掛けると，携帯電話の回線が許容量をオーバーしてダウンした．NTTドコモの回線は，上限を10万回線としており，その想定を大きく上回ったのである．近年では，2016年9月24日に発生した台風16号の影響により，一部地域でドコモの携帯電話が使えなくなったが，回線ダウンはほとんど発生していない．NTT は，交換機や基地局の機能変更時に，通信パケットの擬似的な受口となるパフォーマンスアナライザーや，実環境に近い模擬的な通信回線網を構築し，環境テストを実施している．その効果を上げている．

このように，「コメット」における巨大な水槽や，NTT の実環境に近い模擬的な通信回線網は，限りなく使用環境に近い試験環境を提供する試験用プラットフォームである．

試験そのものは，欠陥を埋め込んだフェーズとそれを折り返した V モデルで対応する箇所でないと，欠陥を効果的に検出できない．また，欠陥を残存したまま，次工程に欠陥を持ち越すと，開発工程の戻りが生じ，コストアップと開発期間の増大の原因となる．

さらに重要なことは，設計全体のインプットに，セキュリティ上の要求事項のインプットがないと，それを検出する過程は，V モデルを折り返したプロジェクトが終了した市場の段階となる．設計全体のインプットの抜けの問題については，**3.4 節**のユースケースで解説したが，設計全体の最初のインプットの抜けを，市場に持ち越すのではなく，残存した重大な欠陥を，市場に出荷する前に，検出する意味において，テストベッドの役割は大きい．

テストベッドとは，限りなく使用環境に近い試験環境を提供するプラットフォームのことである．

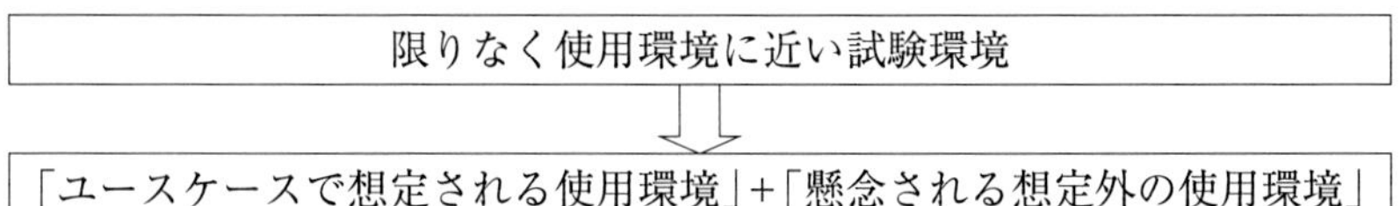

図 3.7 に示すように，デバイスやファームウェアの開発プロセスは，①ファームウェア制作／単体テスト，②実装テスト，③実機テストへと進み，テストベッドを用いた④環境テストからなる．

欠陥は，いずれの段階でも存在し検出するが，①，②の段階は，重要な欠陥が除去できている保証はないが，テストの十分性と一様性を満たすがことが

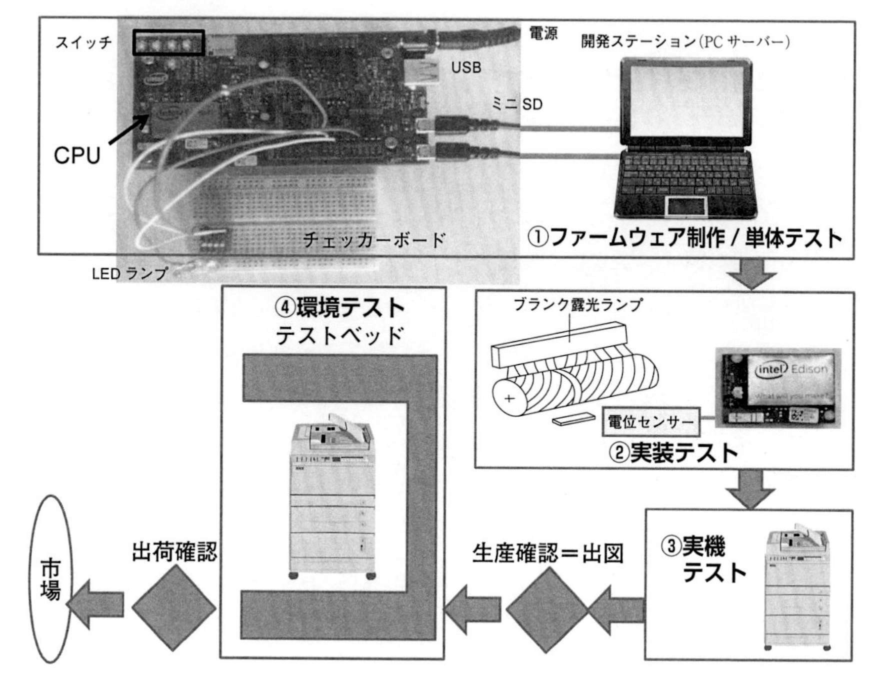

図 3.7　開発プロセスとテストベッド

重要で，残存する欠陥を減少させることができる．経験則となるが，設計者が 1/3，検証チーム(社内的な試験チーム)が 1/3 の欠陥を取り除き，1/3 は市場に残存するといわれる．市場グループは，持ち越された欠陥を早く見つけ，開発グループにいかに早くフィードバックするかが重要となる．残存する欠陥がゼロとならない大きな原因は，時間勾配で欠陥が検出され，残存する欠陥をゼロ(あるいは限りなくゼロ)とするための十分な時間を掛けてテストすることが，物理的に不可能であるためである．

(1)　ユースケースで想定される使用環境

しかし，デバイスやシステムの使用方法を限定し(使用空間が小さくなるが，テストに必要な試験時間を減少させることができる)，試験の十分性を満たすならば，限られた使用空間の範囲で，デバイスやシステムの品質を保証することができる．例えば，保証単位を明確にし，保証された範囲で，サービスや製品を利用者や購入者に提供することができる．

土木建築では風洞実験，電子機器製品では恒温槽や電波試験室が，テストベッドである．自動車の場合には，製品が開発されると市場適合性を確認するために，試験走行のための標準コースが設けられている．一方，IoTのセキュリティと品質の達成度を確認するために，テストベッドが考案されている(**第4章の図4.4**を参照)．

テストベッドは，防御検証用プラットフォーム，攻撃検証用プラットフォーム，メッセージ解析用プラットフォームから構成される．防御検証用プラットフォームでは，M2Mシステム全体の防御機能を確認し，信頼でき安全な環境であることを確認する．攻撃検証用プラットフォームでは，G3/LTE，Wi-Fi，Bluetoothからの侵入テストを確認し，アクセスネットワーク，エリアネットワークへの認証チェックを行う．ネットワーク接続の悪用防止を確認する．また，メッセージ解析用プラットフォームでは，ゲートウェイやデバイスが交換するデータの完全性とシステムの完全性を確認する．

(2) 懸念される想定外の使用環境

「懸念される想定外の使用環境」とは，蓋然性があり現実化すると大きな被害を生じる場合のことで，何らかの対策を講じるために準備された使用環境をいう．

IoTの場合は，「ソフトウェア，ハードウェア」+「通信の側面」をもち，本番稼働する前に，十分ではないが侵入テストやハニーポットなども一つの候補で，脆弱性および脅威を明確にし，少なくとも対策を講じることが重要である．

米国テスラは，2015年から「脆弱性を発見したハッカーに報奨金を支払う「バグバウンティ」の取組みを始めた」(清水直茂「ハッカーと対峙はマイナス　テスラに習う「大人の対応」」日本経済新聞電子版，2017年1月11日

6:30)．これは脆弱性を発見したハッカーに150～1,500ドルを支払う制度で，Jeepの被害に遭ったFCAも，2016年から始めた．しかし，欠陥を取り除き，品質保証の水準に達すれば出荷するという基本的な品質保証の仕組みは維持すべきである．それゆえ，テストベッドの活用は重要である．

テストベッドの製作は，多額の開発費を必要とする場合が多い．しかし，民間主導となるが，ラボと企業の出会いの場として「IoT推進コンソーシアム」が2015年10月23日に設立され，テストベッド実証(IoT Lab Demonstration)の枠組みが考えられた．申請して受け入れられると，中長期の複数企業によるテーマ別プロジェクトとして支援される．

参考文献

[1]　日本経済新聞：「海上飛行の規制緩和カギ」，2016年11月23日朝刊，2016.

[2]　畠中伸敏：「ISO 9000コーナー：ISO 9000の審査と対応のポイント 産業別ガイド：情報技術 (1)開発計画と設計管理」，『クオリティマネジメント』，Vol. 53, No. 3，pp. 62-66，2002.

[3]　畠中伸敏：「ISO 9000コーナー：ISO 9000の審査と対応のポイント 産業別ガイド：情報技術 (2)検証と運用管理」，『クオリティマネジメント』，Vol. 53，No. 5, pp. 61-67，2002.

[4]　SESSAME WG2：『組込みソフトウェア開発のためのオブジェクト指向モデリング』，翔泳社，2006.

[5]　畑村洋太郎：「六本木回転ドア事故」，失敗知識データベース．
http://www.sozogaku.com/fkd/cf/CZ0200718.html(2017年1月23日確認)

[6]　畠中伸敏(監修)，米虫節夫，岡本眞一(編著)：『予防と未然防止』，日本規格協会，2012.

第4章

つながる自動車のITセキュリティ[1)]

井上博之

4.1　IoT時代の自動車の課題

自動車が外部のネットワークと接続されることによる情報セキュリティの問題がしばしば取り上げられるようになっている．2015年にBlack Hat USA 2015にて発表されたJeepに対する遠隔からのハッキングの報告[1]により，140万台もの車がリコール対象となり数億ドル規模の損害が発生したことで大きく注目を集めることになった．このJeepに対する遠隔からのハッキング例は衝撃的であり，また何も改造や特別な機器を取り付けていない市販車が外部ネットワークから攻撃可能になったことで技術的に新しい課題となった．カーナビやテレマティクス機器の導入，遠隔診断や自動運転の実現，また車々間通信や路車間通信も含む外部通信手段の多様化と低価格化により，インターネットのような外部ネットワークに自動車自体やその車載器がつながることが前提

1)　本章は，日本セキュリティ・マネジメント学会誌(Vol. 30, No. 2, pp. 21-28, 2016)に解説論文として掲載した「つながる自動車のITセキュリティ」を改稿したものである．

となりつつある．現在の自動車では，自動車内部の制御が車載LANを経由する情報により行われるフライバイワイヤー化[2)]や，自動ブレーキや自動車庫入れのようなADAS機能(Advanced Driving Assistant System：自動車の先進運転支援システム)の実装が進み，自動車システムに対する攻撃や侵入は人命にかかわる．このような組込み機器である自動車の高機能化やサービスの多様化に伴い，自動車が外部のネットワークに接続されることによる情報セキュリティが問題となっている．

近年の自動車は，数十から百個程度のECU(Electronic Control Unit)や，センサーやアクチュエーターが相互に接続され一体として制御されている．ECU間の接続には，CANと称する車載LANが使用され，通信メッセージでデータや制御情報のやりとりを行っている．CAN(Controller Area Network)[2]は代表的な高速系の車載LANプロトコルであり，規格としては古いが現在も広く使用されている．CANはブロードキャスト型[3)]のネットワークであり，盗聴，なりすまし，DoS(Denial of Service)といった攻撃に弱く，実際の攻撃例もこのCANの特性を利用したものが多い．また，カーナビやテレマティクス機器のような車載器も車載LANにつながるだけでなく，3G/LTEのような広域データ通信網，BluetoothやWi-Fi，USBといった外部につながるインタフェースを多数備え，さらに自動車の利用者が所持するスマートフォンのような携帯端末も含め，多様な通信メディアがさまざまな手段で接続され利便性が向上する一方で攻撃や侵入の危険性が増加している．

このような複雑化するシステムの情報セキュリティ上の対策として，機器同士の認証や通信の暗号化，ゲートウェイやファイアウォールによる車載LANの分割，次世代車載LAN規格の導入，モデルベースやセキュリティガイドラインに沿った開発，第三者による脆弱性検査や安全性検証サービスの実施が必要である．

---

2)　ハンドル，アクセル，ブレーキなどの機構を機械的リンクやワイヤーを介さず，電気的な信号で動かす仕組み．

3)　同時通報，同時に同じ情報を不特定多数に送信すること．

4.2　つながる自動車と情報セキュリティ

自動車の状態や動作の情報を交通観測に用いるプローブカー，カーナビへのデータ提供，テレマティクスの実現，また自動車の遠隔診断や自動運転の実現のためにインターネットなどの広域ネットワークを通じて通信を行うような車載器が自動車に搭載されることが一般的になりつつある．また，利用者が所持する携帯端末や記憶媒体と無線やUSBなどで直接接続されることも増大している．このように自動車外部のネットワークや媒体と接続されることで，不正アクセスや攻撃といったさまざまな情報セキュリティの問題が生じる可能性が以前から指摘されていた[3][4]．外部のネットワークとつながる自動車のモデルを図4.1に示す．複数のECUが車載LANを通じて相互に接続され，車載器は自身でインターネットや路車間通信・車々間通信のような外部のネットワークとの通信機能をもっている．カーナビやオーディオ装置は，自動車の利用者がもつ携帯端末や媒体と直接つながるようなBluetoothやWi-Fi，USB，CD/

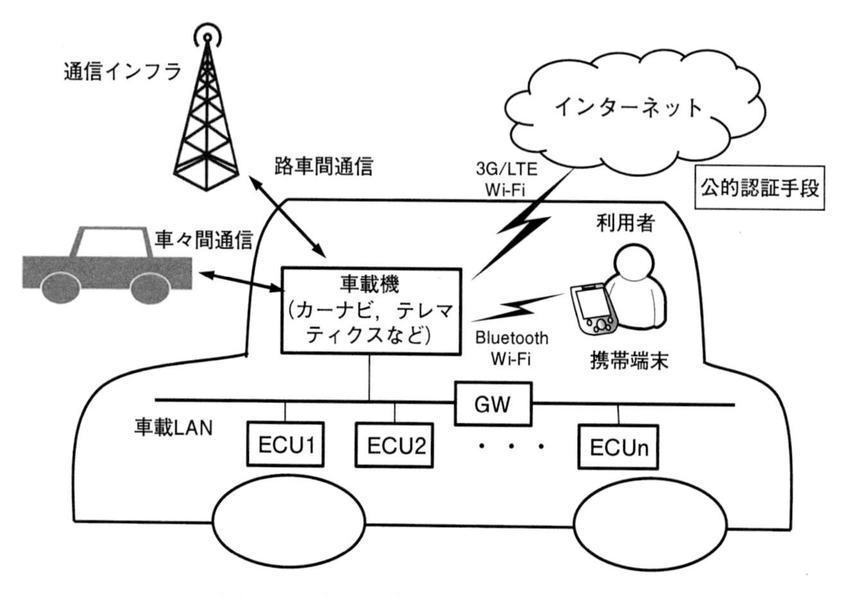

図4.1　つながる自動車のシステムモデル

DVDプレーヤーなどの外部インタフェースをもつ．これ以外にも，ワイヤレスキーやTPMS(Tire Pressure Monitoring System)のような無線でつながる自動車内部の装置もある．

車載LANに広く使用されているCANは，複数のECU，例えばエンジン制御ECU，トランスミッション制御ECU，ブレーキ制御ECUなどを接続する．また，ボディ系の制御に多く使用されるLIN(Local Interconnect Network)のような異なる車載LANとのゲートウェイ装置や，純正カーナビやテレマティクス装置にも接続されている．また，自動車メーカーやディーラーが専用の診断機を接続するためのOBD-II(On-board diagnostics 2)と呼ばれる，車内に設置されている診断端子にもCANバスが配線されており，一般ユーザーが簡単に車載LANにアクセスできる場所となっている．CANは，一本の共有バスでブロードキャスト型の通信を行い，通信速度500 kbps程度と低速で，送信元アドレスはもたず11ビットのCAN IDと呼ばれる送信先アドレスと最大8バイトのペイロード(ネットワークを流れるデータは“ヘッダー＋ペイロード”で構成され，ペイロードはデータそのものを示す)をもつというシンプルなプロトコルである．このことから，盗聴，なりすまし，DoSといった攻撃に対して本質的に弱い[5]．

外部ネットワークにつながる自動車はIoT(Internet of Things)デバイスの一つと考えることができ，ネットにつながる家電製品や携帯端末の情報セキュリティと同様に考えることができる．ECUや車載器単体のセキュリティを確保するだけでは不十分であり，クラウドや通信路，利用者のもつ携帯端末などを含むシステム全体での情報セキュリティを検討する必要がある．また，近年の自動車は，車載LANを経由する情報により，アクセル，ブレーキ，ハンドルなどの制御を行うフライバイワイヤー化や，自動ブレーキ，自動車庫入れ，車線キープのようなADAS機能の実装が進んでおり，自動車システムに対する攻撃や侵入は人命にかかわる問題である．自動車のOBD-II診断端子を含む外部インタフェースを経由した攻撃や侵入の危険性や事例は2010年頃から報告され，国内外の自動車技術団体などから自動車のサイバーセキュリティに関するガイドラインがいくつか発行されている[6]-[8].

4.3　自動車に対する攻撃例と防御方法

4.3.1　攻撃や脆弱性の事例

前述のJeepに対する遠隔からのハッキングは，いくつかの車載ユニットと外部ネットワークに複数のセキュリティホールが存在しており，次のような手順により，インターネットから車載LANにアクセス可能となった(図4.2).

① 車内無線LANサービス(ホットスポットサービス)につないだ端末からポートスキャンすると，TCP 6667番ポートが見えるようになっていた.

② 6667番ポートにて，コマンド受け付け可能になっており，パスワードなしで認証できる状態だった.

③ WAN側インタフェース(インターネット側)も同様に6667番ポート

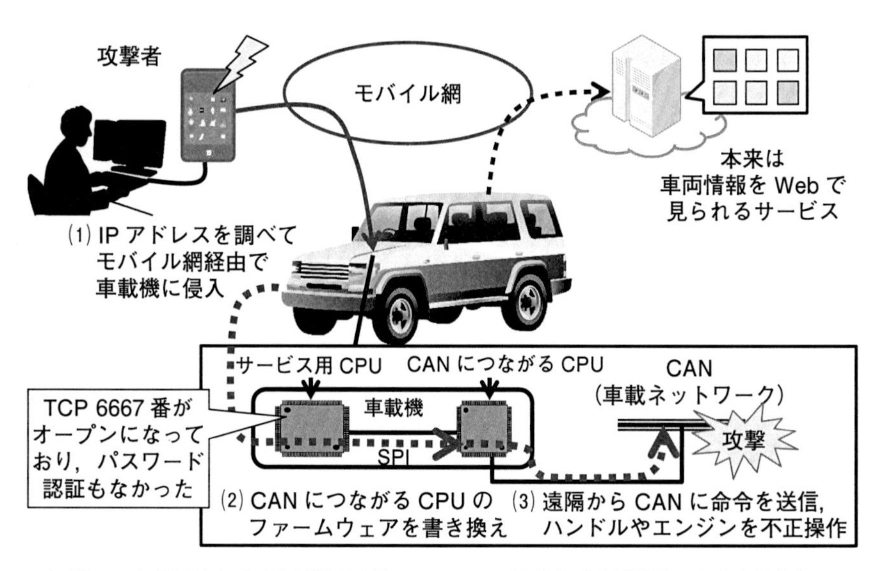

出典）一般社団法人重要生活機器連携セキュリティ協議会「生活機器の脅威事例集」.

図4.2　インターネットから車載LANへのアクセス経路

が受付可能であった．これにより，可能性のあるアドレス範囲にポートスキャンすることで，数万台の車種名や車両IDを読み出すこともできた．

④　プロバイダ(Sprint)も6667番ポートをフィルタリングしていなかった(ただし，キャリアとしては一般的な対応)．

⑤　6667番ポート経由で侵入したユニットから，CANバスにつながる他のECU(V850 CPU)のファームウェアを書き換え可能であった．

まず，車内のホットスポットサービスに接続した端末からデフォルトゲートウェイのTCP 6667番ポートがアクセス可能で，パスワードなしでコマンドを入力できる．このコマンドインタフェースを通じて，車種名や車両ID(VID)を読み取り，そのユニットに接続する他のECUのファームウェアを書き換えが可能であった．6667番へのアクセスは，インターネットにつながるIPアドレスに対しても可能で，インターネット上の任意の機器から車両にアクセスしコマンドを送り込むことが可能である．プログラムを書き換えられたECUにはCANバスがつながり，別途解析したCANメッセージを外部からのコマンドで送り込むことで，アクセル，ブレーキ，ハンドルなどの操作ができた．これらのセキュリティホールが複合的に作用することで重大な脆弱性となり，結果として100万台を越える自動車のリコールに発展した．つながる自動車においては，各ユニットや車載LANなどの構成要素の安全性の確保に加え，システム全体としての脆弱性検査や安全性の評価が重要である．

車載LANや外部インタフェースに対する攻撃や脆弱性の事例は，これまでにいろいろと報告されている．車載LANと外部のネットワークとの接続による攻撃経路の増加を挙げ，それに伴う車載LANのセキュリティ上の脅威とその解決策についてサーベイを行った報告[9]がある．また，OBD-IIやCANに対するセキュリティリスクの課題を挙げ，実際に車内システムに対して攻撃のデモを行った例を取り上げているもの[10]や，CANバスの技術を中心に自動車のITセキュリティについて最新の動向をまとめ，パワーウィンドウ・警告灯・エアバックなどへの試験を具体的に行い，暫定的な防御策について考察を加えているもの[11]や，キーレスエントリのワイヤレスキーの通信をコピーして再送する方法で，多くの車の鍵を解錠できる脆弱性についての報告[12]などがある．筆者らの研究グループも，市販のハイブリッド車におけるCANメッセージ分析および攻撃のための装置を試作し，実際になりすましやDoS攻撃を実施した結果や，その防御手法に関する考察を行っている[13]．Jeepのハッキング[1]の続きとしては，実現できていなかった時速5マイル以上の速度域におけるアクセルやハンドルの制御を，フェイルセーフ機構をだますようなCANメッセージを適切に注入することで可能にする手法が，翌年のBlack Hat USA 2016にて報告されている[14]．

4.3.2　防御メカニズム

車載LANやECU，またシステム全体を保護するためのアプローチには，既存の通信プロトコルを拡張してメッセージ認証や暗号化の仕組みを追加する方法，ECUやゲートウェイでのメッセージ検査や相互認証の仕組みを追加する方法(**図4.3**)，CAN FD(CAN with Flexible Data rate)[15]や車載Ethernet[16]のような新しい車載LAN向けの通信プロトコルを採用する方法がある．

車載LANや車載システムの防御に関する研究報告や事例もいろいろと報告されている．CANのプロトコルを拡張し認証や暗号化の機構を組み込む[17][18]，ハードウェアによりECU内部で送信するメッセージの確認を行う機構[19]，メッセージの発生周期の違いによりなりすましデータ混入を検出し，そのデータをゲートウェイで保留し，判定および破棄することで侵入防止を実現する方法[20]などがある．また，ECU内のCPU起動時にCPU間で相互の鍵を比較し相互認証を行うことでセキュアブート(安全な起動)を可能とし，正規のECUと判断する仕組み[21]，ECU内のソフトウェアやデータの書き換え検出や保護をソフトウェアで実現する手法[22]，不正メッセージに伴うCANのエラーフレームを利用して不正なメッセージを検出する機構[23]，CANバスを監視するセキュリティECUを追加することで不正メッセージの検出と受信阻止を行う手法[24]，機械学習アルゴリズムを用いて不正なCANメッセージを検出するよ

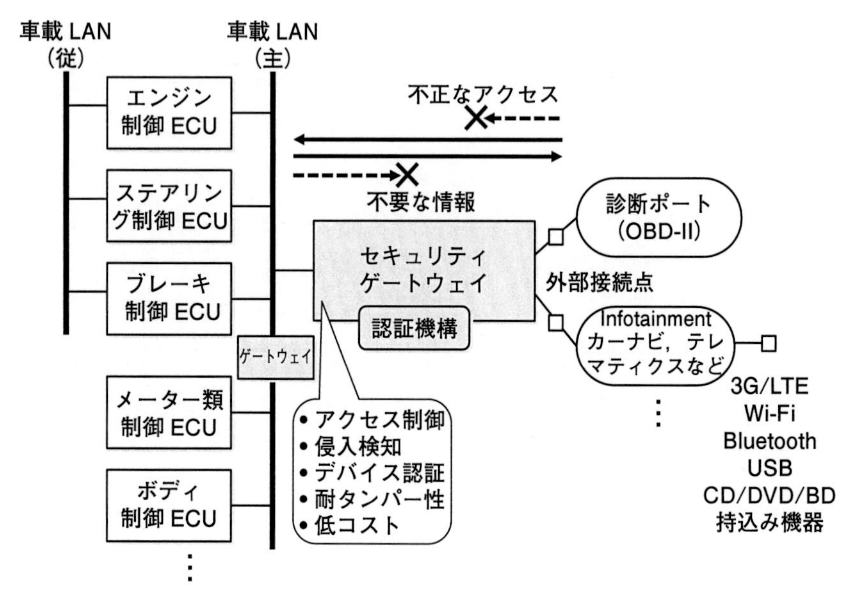

図4.3　ゲートウェイを用いた防御機構の例

うなセキュリティゲートウェイ[25]などが提案されている．

4.4　自動車のITセキュリティ対策

4.4.1　車載セキュリティ分析プラットフォーム

車載セキュリティの向上を図るために，外部ネットとつながる自動車の情報セキュリティを分析するためのプラットフォームは図4.4の構成となる．車載LANやECU間の通信を解析するサブシステム，解析結果を用いてインターネット上の支援サーバーと連携して攻撃を実施するサブシステム，認証やフィルタリングを用いて攻撃を防御する機構を，広島市立大学の井上博之准教授の研究グループが開発した．また，その車載器のプロトタイプを図4.5のような装置で実装し，実際の自動車に搭載することで，車載LAN上でのなりすましやDoS攻撃をシミュレートし，その防御手法について評価した．

市販されている国産ハイブリッド自動車に適用し，解読した数十個のCAN

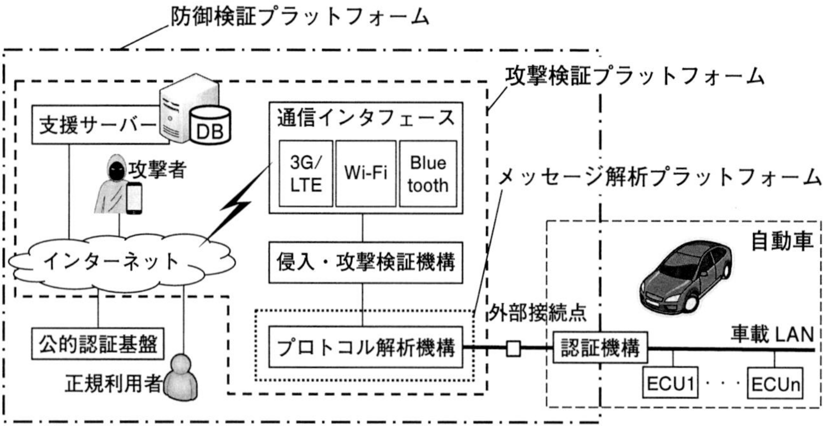

防御検証プラットフォーム
攻撃検証プラットフォーム
支援サーバー
DB
攻撃者
通信インタフェース
3G/LTE
Wi-Fi
Blue tooth
メッセージ解析プラットフォーム
自動車
インターネット
侵入・攻撃検証機構
外部接続点
車載 LAN
公的認証基盤
プロトコル解析機構
認証機構
正規利用者
ECU1 ・・・ ECUn

図 4.4　車載セキュリティ分析プラットフォームの構成

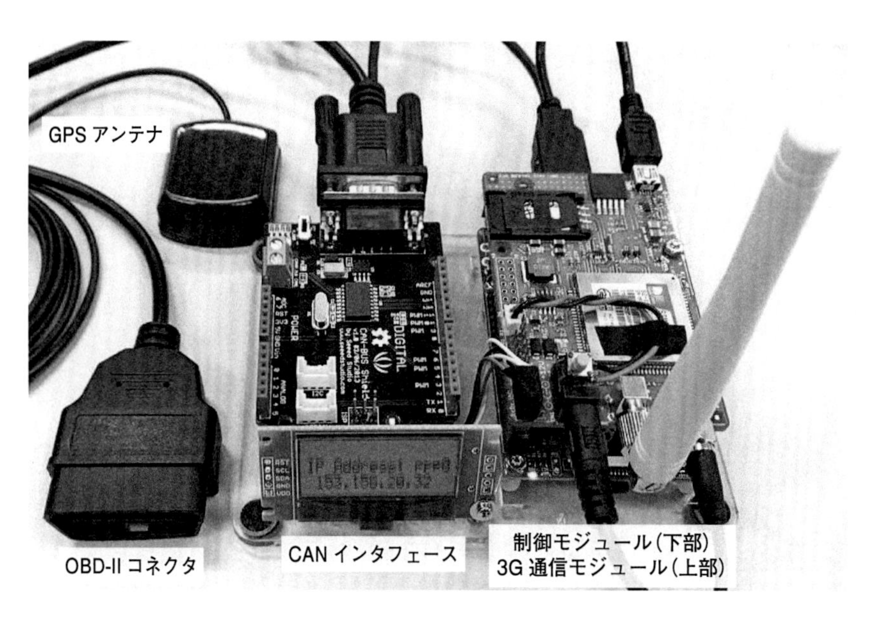

図 4.5　開発した車載器のプロトタイプ

目　　的	対象分野	
製品分野ごとに対策すべき脅威が異なることから，IPA「つながる世界の開発指針」を参考に，各分野ごとの視点でセキュリティの取組みを整理し，業界にセキュリティ・バイ・デザインの考え方を普及しやすくする．	車載器 IoT ゲートウェイ	金融端末（ATM） 決裁端末（POS）

車載器システム構成

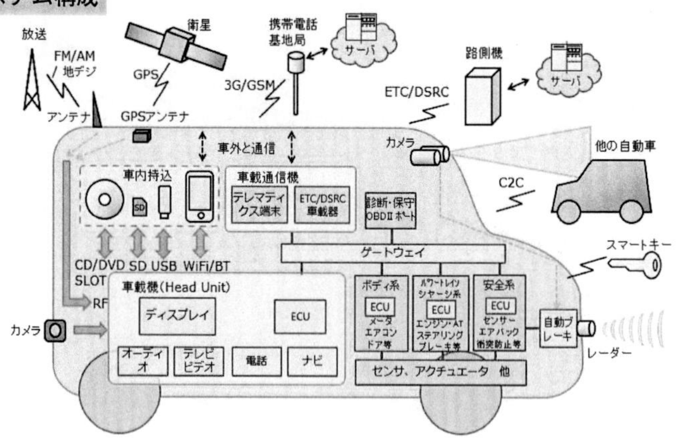

IoT-GW：ホーム GW ケース

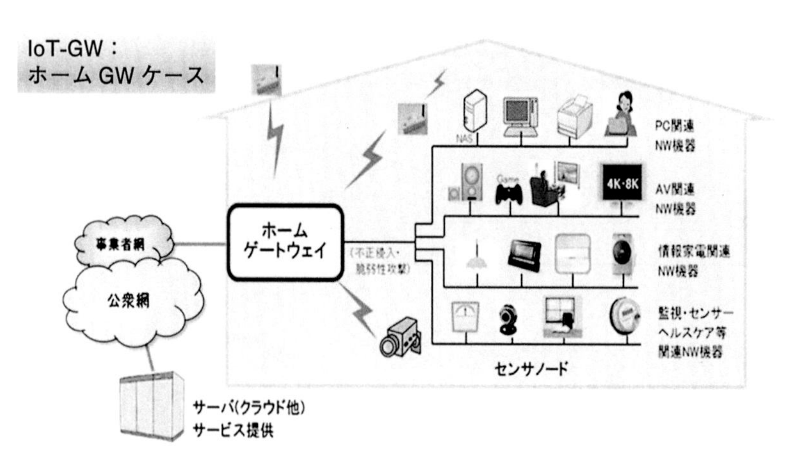

出典）一般社団法人重要生活機器連携セキュリティ協議会「生活機器の脅威事例集」．

図 4.6　生活機器分野別セキ

ガイドラインの主な内容

- 対象とするシステム構成
- 想定されるセキュリティ上の脅威
- 製品ライフサイクルの各フェーズにおけるセキュリティの取組み
  (IPA「つながる世界の開発指針」との相関)
- 脅威分析・リスク評価の方法
- 製品全体およびセキュリティ
  対策機能の第三者セキュリティ評価

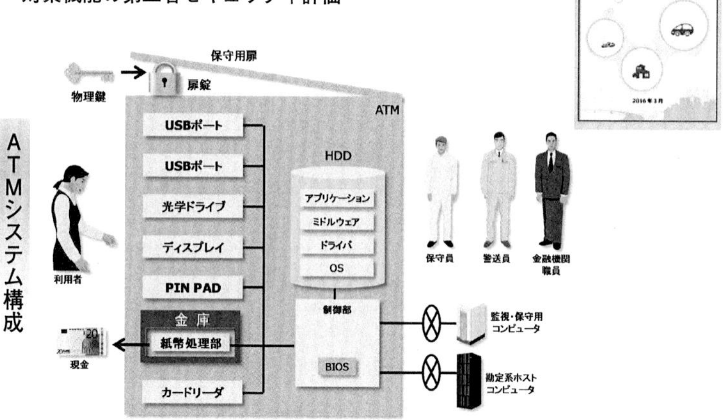

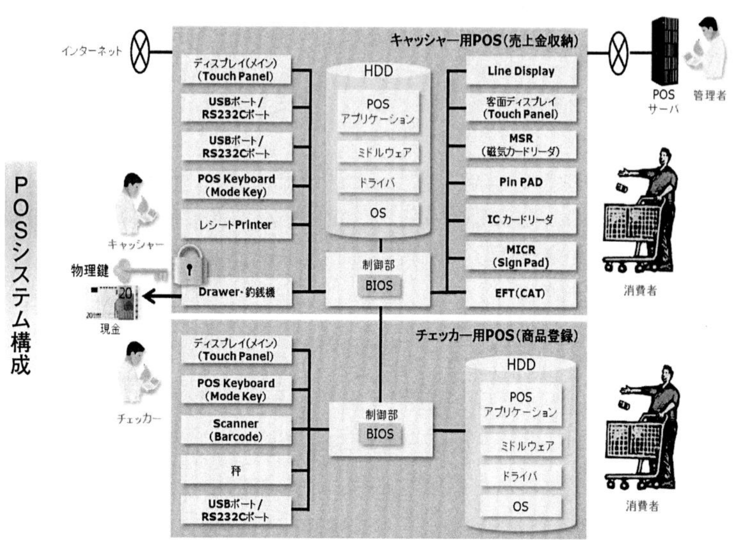

ュリティガイドラインの概要

メッセージの意味をもとに攻撃シナリオを策定し，遠隔からの攻撃システムを構築し実車で評価した．これらを通じて，自動車の詳細な状態の取得，ドアロック，パワーウィンドウ，メーターパネルなどのボディ系に対するなりすまし攻撃，CANバスやECUに対するDoS攻撃の遠隔操作を容易に行えた．

また，その防御機構を応用サービスに適用し，静的および動的なフィルタリングや認証機構をもつセキュリティゲートウェイの実装や，車載LANのデータを安全にクラウド側に上げて蓄積および解析するシステムを構築した．セキュリティゲートウェイの実装では，受信CANメッセージに対して機械学習を用いた動的ルールを生成し，フィルタリングルールを動的に生成する手法を評価した．実車のトラフィックをさまざまな条件で学習させ，通常メッセージと攻撃メッセージを高い精度で分類できた[25]．後者としては，車載器からMQTTプロトコルを用いてクラウドサーバーに全CANデータをそのまま送信し，自動車メーカーやディーラー向けに実走行時の制御データの分析や故障診断の実現，利用者向けにセンサーデータや詳細なエンジン状態を含むドライブレコーダーや運転評価サービスの実現，運転実績にもとづく損害保険（テレマティクス保険）などへの適用が可能である[26]．

4.4.2　セキュリティ開発ガイドライン

4.3節で述べたように車載LANやECUに攻撃や脆弱性に関する報告があるが，独立行政法人情報処理推進機構（IPA）では早くから組込みシステムのセキュリティの一つとして自動車の情報セキュリティに対する調査を毎年行っている[27]．国内外の自動車技術団体などから発行されている自動車のサイバーセキュリティに関するガイドライン[6]-[8]や，ネットワークにつながることを意識した自動車やIoT機器向けの開発ガイドラインも発行している（**第2章**の**表2.2**～**表2.4**を参照）[28]-[30]．また，一般社団法人重要生活機器連携セキュリティ協議会（CCDS）による製品分野別セキュリティ[30]では，**図4.6**に示すように，車載器，IoTゲートウェイ，ATMシステム，POSシステムの消費者が直接扱う組込み機器を分類し，それぞれの情報セキュリティ上の課題や開発指針を提示した．これらの開発ガイドラインにもとづいてシステム全体，ハードウェアおよびソフトウェア，通信プロトコルなどについて設計，開発，検証のプロセスを実現し，製品やサービスにおける情報セキュリティのリスクの低減が重要である．

つながる自動車の情報セキュリティに関して，車載システムの構成や特徴，脆弱性や攻撃例，防御のためのメカニズム，セキュリティ向上の取組み，開発ガイドラインがある．今後，ADAS 機能の拡充や自動運転の実現に向けてますますシステムが複雑化し，物理的な安全に対する要求が厳しくなる．製品やサービスに対して，セキュリティ上の問題点の有無を検出し，何らかの認証を与える第三者による脆弱性検査や安全性検証サービスが必要となる．

参考文献

［1］ Valasek, C. and C. Miller: "Remote Exploitation of an Unaltered Passenger Vehicle," *Technical White Paper*, pp. 1-93, IOActive Security Service, Aug. 2015.

［2］ International Organization for Standardization: "ISO IS 11898-1:2003 Road vehicles, controller area network (CAN), Part 1: Data link layer and physical signaling," 2003.

［3］ Checkoway, S., D. McCoy, B. Kantor, D. Anderson, H. Shacham, S. Savage, K. Koscher, A. Czeskis, F. Roesner, and T. Kohno: "Comprehensive Experimental Analyses of Automotive Attack Surfaces," Proc. the 20th USENIX Conf. on Security, pp. 77-92, Aug. 2011.

［4］ Kleberger, P., T. Olovsson, and E. Jonsson: "Security Aspects of the In-Vehicle Network in the Connected Car," Intelligent Vehicles Symposium (IV), pp. 528-533, Jun. 2011.

［5］ Wolf, M., A. Weimerskirch, and C. Paar: "Security in Automotive Bus Systems," Proc. Workshop on Embedded Security in Cars (Escar2004), 2004.

［6］ 独立行政法人情報処理推進機構（IPA）セキュリティセンター：「自動車の情報セキュリティへの取組みガイド」，2013 年 3 月．

［7］ 公益社団法人自動車技術会：「JASO TP 15002：2015　自動車の情報セキュリティ分析ガイド」（JASO テクニカルペーパー），2015 年 3 月．

[8] SAE International: "SAE J3061 Cybersecurity Guidebook for Cyber-Physical Vehicle Systems," Feb. 2016.

[9] Studnia, I., V. Nicomette, E. Alata, Y. Deswarte, M. Kaaniche, and Y. Laarouchi: "Survey on Security Threats and Protection Mechanisms in Embedded Automotive Networks," DSN2013, The 43rd Annual IEEE/IFIP Conf. on Dependable Systems and Networks, pp. 1-12, Jun. 2013.

[10] Koscher, K., A. Czeskis, F. Roesner, S. Patel, T. Kohno, S. Checkoway, D. McCoy, B. Kantor, D. Anderson, H. Shacham, and S. Savage: "Experimental Security Analysis of a Modern Automobile," Proc. 2010 IEEE Symposium on Security and Privacy, pp. 447-462, May 2010.

[11] Hoppe, T., S. Kiltz, and J. Dittmann: "Security threats to automotive CAN networks – Practical examples and selected short-term countermeasures," Lecture Notes in Computer Science, pp. 235-248, 2008.

[12] Kamkar, S.: "Drive It Like You Hacked It: New Attacks and Tools to Wirelessly Steal Cars," DEFCON 23 Hacking Conference, Aug. 2015.

[13] Takaya Ezaki, Tomohiro Date, and Hiroyuki Inoue: "An Analysis Platform for the Information Security of In-vehicle Networks Connected with the External Networks," Proc. IWSEC 2015, pp. 301-315, Aug. 2015.

[14] Miller, C. and C. Valasek: "Advanced CAN Injection Techniques for Vehicle Networks," Black Hat USA 2016, Aug. 2016.

[15] International Organization for Standardization: "ISO 11898-1: 2015 Road vehicles – Controller area network (CAN)," Dec. 2015.

[16] Dwelley, D.: "IEEE Standards for Automotive Networking," 2015 IEEE-SA ETHERNET & IP @ AUTOMOTIVE TECHNOLOGY DAY, Oct. 2015.

[17] Groza, B., S. Murvay, A. Herrewege, and I. Verbauwhede: "LiBrA-CAN: A Lightweight Broadcast Authentication Protocol for Controller Area Networks," Lecture Notes in Computer Science, pp. 185-200, 2012.

[18] Herrewege, A., D. Singelee, and I. Verbauwhede: "CANAuth-a simple, backward compatible broadcast authentication protocol for CAN bus," 9th Embedded Security in Cars Conf., Sep. 2011.

[19] 関口大樹，田邉正人，畑正人，吉岡克成，松本勉：「不正CAN通信阻止のためのECU内蔵監視機構」，電子情報通信学会 技術研究報告，Vol. 112，No. 460，pp. 203-210，2013.

[20] 大塚敏史，石郷岡祐：「既存ECUを変更不要な車載LAN向け侵入検知手法」，情報処理学会 研究報告組込みシステム(EMB)，Vol. 2013−EMB−28，No. 6，

pp. 1-5, 2013.

[21] 押田大介, 竹森敬祐, 川端秀明, 磯原隆将：「繋がる車のセキュリティ」, コンピュータセキュリティシンポジウム 2014(CSS2014), pp. 651-658, 2014.

[22] 武安政明, 徳永雄一：「車載制御ソフトウェア向けデータ保護機構」, 電子情報通信学会 技術研究報告, Vol. 114, No. 22, pp. 33-36, 2014.

[23] 倉地亮, 高田広章, 上田浩史, 堀端啓史：「CANにおけるエラーフレーム監視機構の提案」, コンピュータセキュリティシンポジウム 2015 (CSS2015), pp. 110-115, 2015.

[24] 芳賀智之, 岸川剛, 氏家良浩, 松島秀樹, 田邉正人, 北村嘉彦, 安齋潤：「車載ネットワークを保護するセキュリティECUの提案：導入インパクトを抑えたCAN保護手法のコンセプトとその評価」, 暗号と情報セキュリティシンポジウム SCIS 2015, 2015.

[25] 伊達友裕, 手柴瑞基, 江崎貴也, 井上博之：「車載LANのセキュリティゲートウェイにおける機械学習を用いた動的ルール生成」, 暗号と情報セキュリティシンポジウム SCIS 2016, pp. 1-6, 2016.

[26] 江崎貴也, 金森健人, 鶴田智大, 手柴瑞基, 井上博之：「全車載LANデータをクラウドサービスで安全に利用するためのシステムの試作」, 第9回地域間インタークラウドワークショップ, 日本学術振興会産学協力研究委員会インターネット技術第163委員会(ITRC)地域間インタークラウド分科会(RICC), pp. 1-6, 2016.

[27] 独立行政法人情報処理推進機構(IPA)セキュリティセンター：「自動車と情報家電の組込みシステムのセキュリティに関する調査報告書」, 2009.

[28] 独立行政法人情報処理推進機構(IPA)ソフトウェア高信頼化センター：『つながる世界の開発方針』(SEC BOOKS), 2016.

[29] IoT 推進コンソーシアム, 総務省, 経済産業省：「IoT セキュリティガイドライン Ver 1.0」, 2016.

[30] 一般社団法人重要生活機器連携セキュリティ協議会：「CCDS製品分野別セキュリティガイドライン 車載器編」, CCDS製品分野別セキュリティガイドライン第1版, 2016.

第5章

自動運転システムの現状とセキュリティ

佐藤雅明

5.1　自動車の現状と課題

自動車が誕生してからおよそ1世紀が経ち，現在では自動車を用いた道路交通網は社会運営や人間の日々の生活に欠かすことのできない要素となった．一方，自動車はその普及に伴い，数々の問題も発生してきた．交通事故や渋滞のもたらす時間と資源の浪費，環境汚染などである．自動車の利便性をこれからも享受し続けるためには，これら諸問題の解決を図り，持続可能な自動車の利用環境を整える必要がある．

例えば，日本における交通事故による死傷者数は，さまざまな努力によって減少傾向にあるものの，近年では減少率が鈍化してきている．警察庁によれば，交通事故は年間約60万件が発生し，約4千人の死者と70万人近い負傷者が生じ，損害額は約60兆円と算出されており，依然として深刻な状況である[1]．また，国土交通省の調べによると日本における年間渋滞損失時間は約50億人時間であり，これは移動時間の約4割に相当する[2]．欧米の主要都市での渋滞の割合は移動時間の約2割であることを考えると，日本の交通渋滞は深刻であり，その経済損失は約12兆円と推計されている．また，日本の二酸化炭素排出量の約15％を自動車が占めており，その量は年間約2億トンにのぼっている．

こうした交通の諸問題を抜本的に解決する手段として現在注目を集めているのが，自動運転・自律運転と呼ばれる分野である．一般的には「自動運転＝無人で街を走り回るクルマ」というSF映画のようなイメージが想起されるかもしれないが，自動運転にはドライバーの運転を高度に支援する技術も含まれており，自動運転で得られるメリットはさまざまである．例を挙げると，疲れによる能力低下や単純なミス・勘違いなどによる事故の減少と人為的要因による渋滞等の削減(動作の確実性)，短い車間距離や高い速度における安定した車速・車線の維持など通常のドライバーには困難な状況での安全な走行による交通の効率化(高度な走行制御)，人間の介在なしにモノや利用者を輸送，移動することによる道路利便性の向上(無人輸送・移動)などである．このうち渋滞の削減や事故の減少，運転負荷の低減などに寄与する自動運転技術は既に市場に投入されはじめており，現在一般に言及されている「自動運転」は，こうした安全で快適な交通の実現から，“究極のゴール”である無人による輸送・移動(自律運転)をも包含するとても大きなジャンルとなっている．

2013(平成25)年に閣議決定された「世界最先端IT国家創造宣言」で掲げられている「2020年までに世界で最も安全な道路交通社会を実現するとともに，交通渋滞を大幅に削減する」という目標を達成し，安全・安心で快適な交通社会を実現するには，既存技術のさらなる高度化，そしてその先にある自動運転技術の研究開発と普及展開が不可欠である．

5.2　自動車を取り巻く環境と自動運転システムの現状

これまで，自動車は道路交通の最も重要な位置を占めていた．しかし，自動車交通に関するシステムは，自動車の登場からほとんど進歩していないのが現状である．自動車交通の情報化は，通信技術と情報処理技術とを道路交通に取り入れることで，道路交通自体をシステムとして知能化することである．それは，自動車の搭乗者が自分の取得できる範囲の情報だけを処理して判断する既存のシステムに比べ，遥かに効率的である．自動車に対し，刻一刻と変わっていく状況を伝達することで，自律分散的に交通流の効率的な管制を実現する．このために必要な情報を収集するシステム，移動中の自動車へその情報を伝える情報伝達システム，そしてその情報を最適な形で利用できるインタフェースを整備することが，自動車の情報化では不可欠である．その実現形態として道路交通に関する総合的な情報通信システムである高度道路交通システム（Intelligent Transport Systems：ITS）の構築が世界規模で行われている．

こうした自動車の情報化の流れを受け，現在の自動車は「動くコンピュータ」としての側面をもつ．安全で確実な走行のために多数のセンサーを使用し，搭載したコンピュータで自分自身を制御している．自動車のセンサー情報を収集して利活用する“プローブ情報”と呼ばれる自動車から生まれるビッグデータは，自動車単体の走行だけでなく，道路交通問題の解決手段として役立つ．また，ビジネスの面から見れば，この自動車によるビッグデータは本格的なIoT（モノのインターネット）市場の担い手としても期待されている．例えば，都心部の渋滞緩和のため道路課金の仕組みを世界に先駆けて導入したシンガポールは，次世代のシステムとしてすべての自動車の位置情報を収集できる仕組みを2020年頃までにつくろうとしている．車載機のGPSで自動車の位置を把握し，課金ゾーンに入った際には携帯電話の通信網によって料金決済をする方式が採用される予定である．現行型は日本のETCと同様，ゲートに設置された路側機と車載機が通信して料金を収受しているが，次世代型は特別な路側インフラを必要としないため，柔軟な課金が可能になる．また，収集される自動車の位置情報は，位置と連携した広告の配信などさまざまなビジネスやサービスへの応用が期待されている．

こうした道路交通の効率化や新サービスに加えて，より安全・安心で快適な交通社会を実現するためには，走行制御技術のさらなる高度化が必須であり，既に人的ミスに起因する交通事故や交通渋滞の低減などに貢献する安全運転支援システムとして，ドライバーの負担軽減に大きく貢献するACC（Adaptive

Cruise Control)や，車線維持支援システム(Lane Departure Warning：LDW)などの実用化が進んでいる．現在，国内外で展開されている自動車メーカーの高度運転支援システムや自動走行システムの例を表 5.1 に示す．

今後，交通事故・交通渋滞の抜本的削減や，運転能力の低下した高齢者等の移動支援などに対応するためには，自動車単体による走路環境を認識する技術(自律型システム)に加え，自動車と自動車，車と道路などをネットワーク化して走路環境を総合的に認識する技術(協調型システム)が重要となる．高度な運転支援には，情報センターからの広域な情報の共有はもちろん，比較的狭いローカルな範囲において，自動車の挙動や環境の変化などの情報を高密度に共有することが求められ，用いられる通信を総称して V2X(Vehicle to X)通信と呼ぶ．このような V2X 通信を用いて情報共有を可能にするシステムは「協調型 ITS」と呼ばれている．協調型 ITS はドライバーの認知や反応を補完する

表 5.1　国内外の自動車メーカーの高度運転支援システム・自動走行システムの例

地域	メーカー	システム
日本	トヨタ	周辺車両認知支援(ITS Connect) 路外逸脱抑制(AHDA[注)])
	日産	低速追従機能(Intelligence Cruise Control) 自動追い越し(NISSAN AUTONOMOUS DRIVE)
	ホンダ	衝突軽減ブレーキ(Honda SENSING) 路外逸脱抑制(Honda SENSING)
欧州	VW	自動追従システム(Adaptive Cruise Control) 路外逸脱抑制(Lane Assist)
	ダイムラー	PRE_SAFE ブレーキ(Intelligent Drive) 高速道路運転支援(Highway Pilot/Drive Pilot)
	BMW	衝突回避・被害軽減ブレーキ(Active Cruise Control) 路外逸脱抑制(Lane Departure Warning)
米国	GM	高速道路運転支援(Super Cruise)
	フォード	路外逸脱抑制(Lane Keep System) 低速追従機能(Traffic Jam Assist)

注)　AHDA：Automated Highway Driving Assist.

もので，運転支援システムにとっても，その先にある自律運転にとっても不可欠な要素である．

日本では，既に協調型ITSとして高速道路による安全運転支援やプローブ情報収集のシステムであるITSスポットが実用化されている．2015年には，世界に先駆けて車−車間通信を活用したサービスを実現するITS connectが開始されており，路車間通信によって交差点での安全運転支援を行うとともに，車−車間通信を利用した協調型ACC（Cooperative Adaptive Cruise Control：CACC）を実現している．これは，従来の車両単体のレーダーによる先行車両との車間距離や相対速度に加え，車−車間通信によって先行車両の加減速情報を取得することで追従性能を高めている．海外では，メルセデスベンツ社が周辺の情報を取得し安全な交通を実現するCar−to−X communicationを実用化している．現在はスマートフォンによる通信を採用しているが，将来的にはV2X通信を利用することが検討されている．

こうした通信機能を搭載している自動車はコネクテッドカー（connected car）と呼ばれ，IoT市場を牽引する有望な分野として，自動車業界だけでなくIT企業などからも期待を集めている．コネクテッドカーは，自動車の走行状態・状況を搭載されたセンサーによって収集し，ネットワークによって他の自動車やセンター設備と共有・集約するプラットフォームを形成する．これまでも通信機能を搭載したカーナビゲーションシステムや車両状態を確認するサービスなどは実現されていた．近年は，コネクテッドカーを支える無線通信のブロードバンド化と低価格化に加え，クラウドコンピューティングの普及に伴う大量のデータの蓄積・流通・利用が可能となり，前述のプローブ情報による自動車ビッグデータによる新規ビジネス市場や，その先にある交通問題の解決の鍵として注目を集めている．

5.3　自動運転システムの分類と構成技術

コネクテッドカーの進化に伴い，安全性と利便性向上のための自動運転の高度化，そして自律運転も現実的になりつつある．

自律運転システムの実現には，前述の自律型システムと協調型システムが統合され，自動車の走行機能が高度化される必要がある．自動車の走行機能を構成する要素を図 5.1 に示す．自動車のドライバーが運転時に行っている行動は，大きく分けると，次の3つの要素からなる．

① 周辺環境や外界情報を検出し，自動車とその周囲の状況を認識する「認知」

② 状況に応じた適切な行動の選択と制御目標を決める「判断」

③ 制御目標を実現するために操舵，制動，加速といった制御を行う「操作」

自動車の運転における判断を司る機能を大別すると，運転を開始する前，あるいは運転中に今後の行動を考えて実行する機能と，目的や目的が定まった後にリアルタイムに実行する機能の2つが挙げられる．また，車両の制御を司る機能を大別すると，加速，減速，速度などの操作を行う制御(縦方向制御)と，車線維持，車線変更を行う制御(横方向制御)の2つが挙げられる．こうした機能の一部，あるいは複数要素が自動化される場合，システムの動作状況をドライバーが監視する必要に着目すると，次の分類が可能である

① ドライバーがいつでもすぐに運転を取って代われる状態で注視しているシステム(ドライビングアシスト)

② ドライバーは通常時は運転から開放されているが，外界状況によって自動運転継続が困難だとシステムが判定した場合にはドライバーに運転

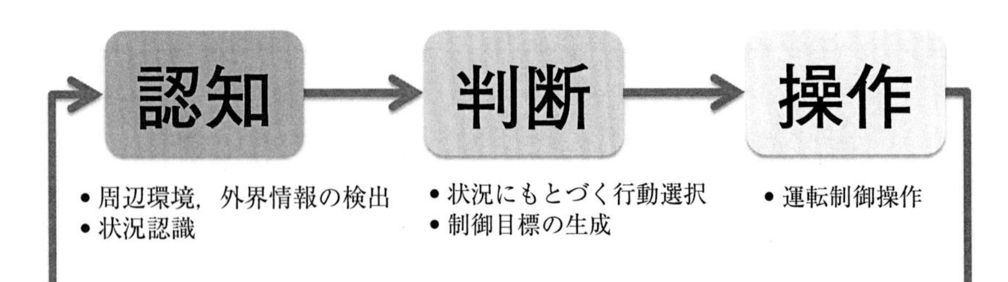

図 5.1　走行機能の構成要素

を促し操作させる（半自動運転）

③　すべて自動でシステムが運転を行うもの（完全自動運転）

自動走行や安全運転支援システムの分類については，さまざまな国や研究機関がとりまとめているが，日本の分類は米国の運輸省（Department of Transportation：DoT）内の組織である米国運輸省道路交通安全局（National Highway Traffic Safety Administration：NHTSA）の分類を踏まえた4段階による分類をベースとしている[3]．日本における自動運転の分類（「官民ITS構想・ロードマップ2015」より）を**表5.2**に示す．

自動運転を実現するための技術にはさまざまなものがあるが，制御操作，および判断を行ううえで最も重要となるのが認知技術である．特に，自動運転レベル4（自律運転）においては，自車位置，および周辺状況の認知は極めて重要な要素である．現在，自車の位置や周辺状況を正確に把握するための技術の基礎となっているのは「SLAM（Simultaneous Localization and Mapping）」という自律型移動ロボットで用いられている手法である．これは周囲360度にある物体の位置や形状を計測するレーザーレーダーによって3次元地図をつくり，事前に作成した地図と照らし合わせて自車位置を推定する手法である．こ

表5.2　安全運転支援システム・自動走行システムの定義

<table>
<tr><th colspan="2">分　類</th><th>概　要</th><th colspan="2">左記を実現するシステム</th></tr>
<tr><td colspan="2">情報提供型</td><td>ドライバーへの注意喚起など</td><td colspan="2" rowspan="2">安全運転支援システム</td></tr>
<tr><td rowspan="4">自動化型</td><td>レベル1：単独型</td><td>加速・操舵・制動のいずれかの操作をシステムが行う状態</td></tr>
<tr><td>レベル2：システムの複合化</td><td>加速・操舵・制動のうち複数の操作を一度にシステムが行う状態</td><td rowspan="2">準自動走行システム</td><td rowspan="3">自動走行システム</td></tr>
<tr><td>レベル3：システムの高度化</td><td>加速・操舵・制動をすべてシステムが行い，システムが要請したときのみドライバーが対応する状態</td></tr>
<tr><td>レベル4：完全自動走行</td><td>加速・操舵・制動をすべてドライバー以外が行い，ドライバーがまったく関与しない状態</td><td>完全自動走行システム</td></tr>
</table>

出典）　IT総合戦略本部「官民ITS構想・ロードマップ2015」．

のSLAMをベースに，さまざまなセンサーと認識技術を組み合わせることで，より快適で安全な走行を実現しようとしている．自律運転を目指して研究開発されているGoogle car，およびその前進となっている米国スタンフォード大学のStanley[4]，Junior[5]などで活用されている主な認知技術を例にとる．Juniorに搭載されている認知技術を図**5.2**に示す．

(1)　LIDAR

多くの自動運転車両が自車位置の推定や周辺環境の検知に用いている技術が，LIDARと呼ばれるセンサー技術である．**図5.2**のlaserと示されているセンサー類が該当する．LIDAR(Light Detection and Ranging，Laser Imaging Detection and Ranging)では，Time-of Flight方式と呼ばれる，センサーからの距離を測定したい方式にレーザー(赤外線レーザーなど)を照射し，そのレー

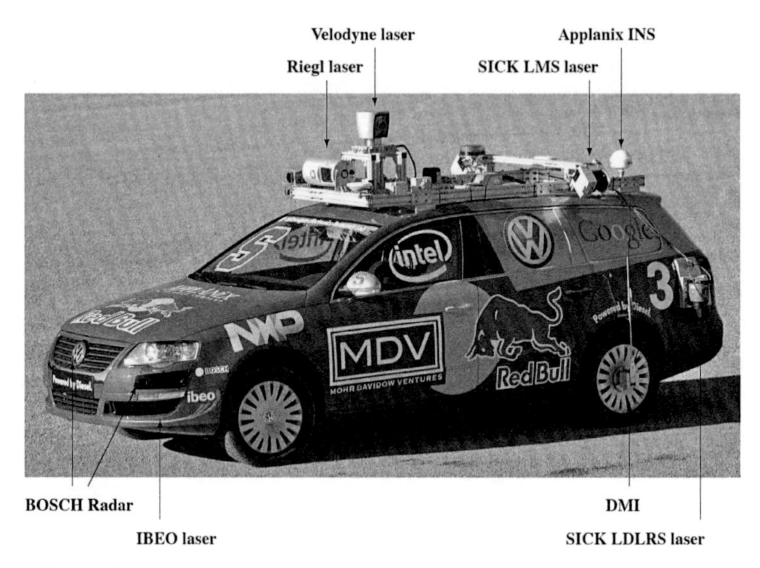

出典)　Sebastian Thrun, *et al.*: "Stanley: The Robot that Won the DARPA Grand Challenge," *Journal of Field Robotics*, 23(9), pp. 661–692, 2006.

図5.2　Juniorに搭載されている認知技術

ザーが物体に当たって反射光が返ってくるまでの時間を計測することで物体までの距離を測定する．測量などでも使用される技術であり，高速で正確な測定が可能となる．一例を挙げると，Google Car などで使用されている Velodyne 社の HDL64E であれば，約 120 m 先までを測定誤差 5 cm 以内で測定することができ，周囲 360 度を測定するのに要する時間は最速で 66 msec である．また，LIDAR の多くは反射率の違いを認識することが可能であるため，道路に引かれている白線などのレーンマーカー(車線など)を検知することが可能であり，車線や自車位置の推定などを行う際の大きなメリットとなる．

(2)　ミリ波レーダー

現在市販されている車の安全運転支援システムや ACC などのために採用されている認知技術の一つが，ミリ波レーダーである．**図 5.2** では BOSCH Rader が該当する．ミリ波レーダーは対象物までの距離と相対速度を素早く正確に検知することが可能である．LIDAR と重複する要素もあるが，LIDAR が赤外線レーザーを使っている場合には，霧や雨などで計測範囲が極端に狭くなることもあるが，車用ミリ波レーダーは波長が長い(数センチメートル程度)ため，霧などでも前方の状況を計測することが可能である．また，計測距離も 200 ～ 250 m 先を検知することができる．また，ドップラー効果により対象物との相対速度を認識することができるため，動態の検出に真価を発揮する．

(3)　カ　メ　ラ

ミリ波レーダー同様，市販されている車の安全運転支援システムに多く採用されている認知技術がカメラであり，単眼と複眼(ステレオカメラ)などいくつかの方式が存在する．画像を解析することで前方の車両を検出し，衝突警告やブレーキなどの衝突回避行動をとったり，あるいは路面の白線検出や路肩の認識によって車線の維持を実現するなどが可能である．また，用いる解析技術によっては，障害物との距離や形状だけでなく，その物体が何か(歩行者か否かなど)を把握することも可能である．近年の画像解析技術の高度化によって信頼性の向上が著しいものの，夜間や悪天候時には認識性能が低下するという欠点もある．

(4)　GPS/GNSS

現在のカーナビゲーションやスマートフォンなどの位置測位技術として普及しているのがGPS/GNSS(Global Positioning System/Global Navigation Satellite System)である．**図5.2**ではApplanix INSが該当する．全世界規模で普及しているため安価であり，基本的に屋外であればどこでも活用可能であるというメリットがある反面，天頂方向が開けている測位条件が良い場面と，高層ビルやトンネルなどの，位置測位衛星を遮る物体がある場合には精度が著しく異なるという特徴がある．また，一般的に普及しているGPSでは，比較的測位条件が良い場所での測定誤差は1 m ～ 5 m程度であるが，これをそのまま活用して自動車の走行制御に用いた場合，車線逸脱や他車両との接触が避けられない状況となる．そのため，GPSの位置精度を向上するD-GPSやマップマッチング，あるいは他の代替手段との組合せなどで用いられる場合が多い．

上記以外にも走行距離計(Distance Measuring Instrument：DMI)や車両の挙動を把握するために加速度と角速度を計測する慣性計測ユニット(Inertial Measurement Unit：IMU)などのセンサーなどが用いられている．

自動運転システムにおいては，こうした複数のセンサーからの情報を統合して周辺状況を把握する．現在の自律運転システムでは，前述のSLAMと複数のセンサー情報を統合処理することで，おおよそ10 cm程度の誤差で自車位置を同定することが可能となっている．

5.4　自動運転の展望

現在，日本をはじめ海外で既に市場に投入され普及が進みつつある自動運転技術は，レベル1段階のものがほとんどであるが，2017年頃からは徐々にレベル2の段階のものの投入が増えてくると予想されている．その後，高速道路などの限定条件下において動作するレベル3の実用化が2020年頃からと見込まれており，日本においても各自動車メーカーなどが市場の期待に応えるべく研究開発を加速している．

一方，レベル4については，以下の2つの考え方がある．

① レベル3の技術の熟成や社会的受容性が認知された先に実用化されるという考え方

② 最初から無人運転(レベル4)を前提として課題と研究開発を推進し，早期に市場への投入を目指すという考え方

そのため，各社が異なるアプローチを模索している．自動車メーカーの多くは主として①を，IT企業は主として②を選択しており，例えば米国のGoogle社は当初からレベル4車両の開発を目的に掲げている．2012年から米国の限られた州の公道にてレベル4を目指した実験車両を走行させており，自律運転での総走行距離は約370万キロメートル(230万マイル)を突破している．また，実走行のデータをもとにしたシミュレーションでは毎日4千キロメートルの走行を行っており，システムの成熟を進めてきた．2016年12月，Google社は自動運転車に関するプロジェクトを凍結し，これまで培った技術を自動車メーカーなどへ提供するとともに，新たに自動運転技術を専門とする新企業Waymoを立ち上げ，実用化を目指していくことが発表された．

一方，欧州では限定的なコミュニティ・エリアにおける無人輸送・移動の実証実験が盛んであり，フランスのEasymile社の電気自動車(EZ10)を活用した取組みでは，ドライバー不在であらかじめ定めたルートを低速(20 km/h程度)で走行する「ラストワンマイル」のモビリティサービスを提供している(法規制の問題からオペレーターは搭乗している)．これまでにフランスだけでなくオランダやフィンランド，そしてシンガポールなどでも実証実験を行っており，実用化へ向けた研究開発が進められている．

日本でも，ロボットタクシー社が2016年に神奈川県藤沢市にて公道での自動運転によるモビリティサービスの実証実験を実施している．また，ロボットタクシーの親会社の一つでもあるDeNA社は，前述のEZ10を活用した無人

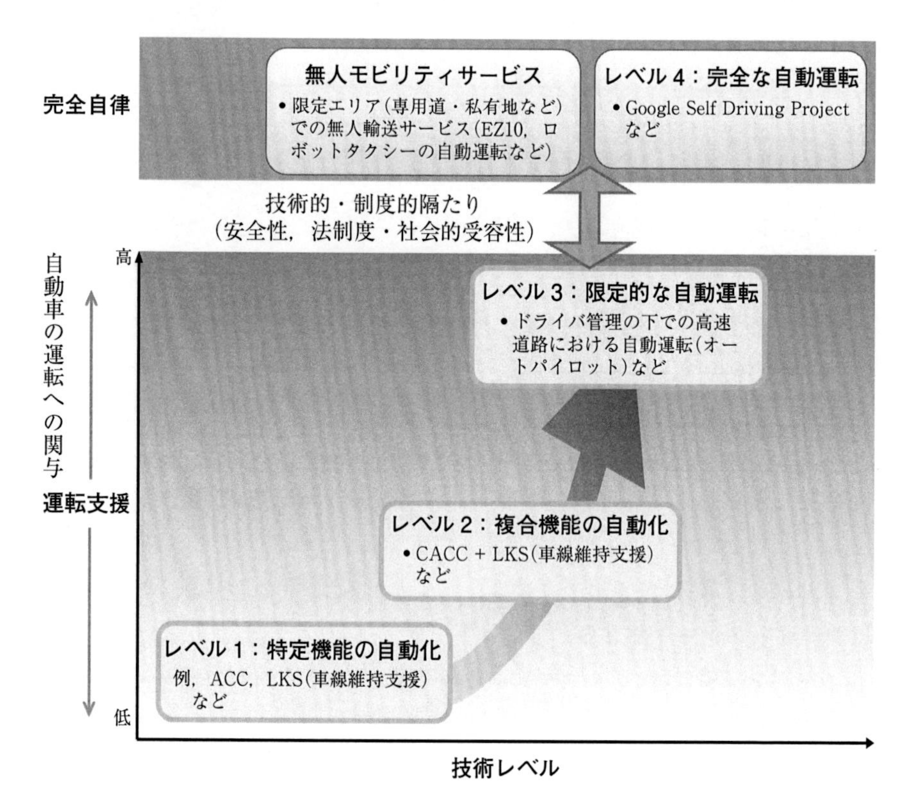

図 5.3　自動運転の展開シナリオ

シャトルバスサービスの実証実験を千葉県・幕張や秋田県などで行っており，早期の事業化を目指している．こうした自動運転の展開と分類を図 5.3 に示す．

5.5　自動運転の課題

自動運転を人の介在，つまりドライバーが必要かどうかという観点で捉えると，「高度な運転支援(Automated Driving：レベル 1–3)」と「自律運転(Autonomous Driving：レベル 4)」の間には技術的にも制度的にも大きな隔たりがある．

「高度な運転支援」は，あくまでドライバーを運転の主体と捉えてその負荷低減や能力低下を補う技術であり，これまで自動車メーカーなどが開発してきた走行・安全技術の延長線にある．この段階においては安全のための管理責任はドライバーが負う．

一方，「自律運転」はロボティクス・人工知能技術が重要な要素であり，既存の走行・安全技術からの“飛躍”が求められるとともに，自動車(システム)が安全管理においても責任を負うこととなる．また，1949年に制定されたジュネーブ道路交通条約においては「自動車には運転者(ドライバー)がいなければならない」と定められており，国際的な制度も含む現行制度下では，実現可能な自動運転はドライバーの制御下にあることが前提である．無人の自律運転車両が道路の上を走るためには，こうした各種の法律の改正なども必要となってくる．同時に，技術に絶対はないとするならば，自律運転の車両が事故を起こした場合の責任のあり方や保険制度についても十分な検討が求められる．

5.6　自動運転システムの信頼性・安全性

自動運転システムには非常に高い信頼性と安全性が必要である．例えば，高速道路における自動走行であれば，既に市販の自動車に搭載されているシステムでも実現可能になりつつある．しかし，認知技術や制御技術が故障するなどシステムに不測の事態が起こった場合，あるいは自動運転では回避が難しい状況に直面した際には，ドライバーがシステムに変わって不測の事態に対応しなければならない．本来であればリラックスして高速道路を移動するために導入した自動運転システムのために，ドライバーは常時システムの注視義務を負うことになる．これは，自動運転のレベルが高まるほどに難しくなり，完全自律となるレベル4であれば，ドライバーが即座にシステムのエラーに気づいて自動車の操作をオーバーライドするのは困難を極める．また，システムの誤作動による急アクセルや急ハンドルへの対応も不可能に近い．自動運転システムには，システムが異常動作を起こさない「フェールセーフ」機能とともに，不測の事態に際しても安全に自律走行を継続しつつ必要に応じて停車することが可能な機能が求められる.

5.7 自動運転システムのセキュリティ

自動運転システムには，前述のように周辺の状況を認識したり，周囲の車両との協調した走行，あるいは交差点での適切な交通などを実現したりするために，センサーや自動車の制御情報を周囲と通信して共有する必要がある.

この通信路を介して，悪意のある第三者が自動車の周辺状況を誤認識させたり，制御情報を故意に改ざんするなどがなされた場合，自動車の走行は極めて危険な状況となり，自動車に乗っている搭乗者のみならず，周辺の人間も巻き込んだ事故に直結する状態が発生する．自動運転システムでは，外部からの攻撃，クラッキングに対するセキュリティ確保はきわめて重要である.

現在の自動車のシステムを構成する主要な要素である走行制御装置，センサー装置，操舵・制動などのアクチュエータ制御用のコントローラはCANと呼ばれる車内用のネットワークで接続されている．V2X通信を介して走行制御装置のデータが書き換えられると，制動や操舵などのアクチュエータが不正に遠隔から操作されたり，のっとられたりしてしまう．こういったことを防ぐために，自動車業界では，ICT分野で広く使用されているセキュリティ技術，公開鍵による認証や暗号化を活用したゲートウェイの導入が検討されている.

また，サイバー攻撃によって自動車が遠隔操作され，事故を誘発するのではないかという懸念も高まっている．米国の国防総省では，高度な自動運転車を「自律で移動可能であり，十分なペイロードをもったミサイル」という観点で捉え，爆薬を積んだトレーラーの自律運転による重要インフラへの攻撃や，サイバー攻撃による交通要所での多重事故の発生などを懸念している．V2X通信などのセキュリティは，ICT分野でも盛んに議論されてきたものであるが，自動車によるサイバー攻撃に対しては，技術だけでなく法制度の観点からも早急な検討と対応が必要な要素である.

こうした自動運転システムに活用される通信へのサイバー攻撃を防ぐために，国際的なルールづくりが進められている．日本とドイツが主導する形で，

表 5.3 自動運転におけるセキュリティガイドラインの要件[7]

項　目	具体的要件
総論	• 自動車製造者等は，データの操作，誤用などに対して適切な保護を確実にすることを規定. • 世界標準の通信技術等を用いた，データおよび通信の暗号化実施を規定. • データ保護，セキュリティについて，外部の機関等により証明されるべき旨を規定.
データ保護	• 情報の収集および処理は情報主体(例，運転手)には，どのようなデータが収集・処理されているのかなど包括的な情報が提供されるとともに，情報主体の同意が必要な旨を規定. • 個人情報については，(自動運転に係る情報の)収集および処理に関連するものに限定し，場合によって情報主体は同意を取り下げる権利をもつ旨規定.
安全性	• 自動運転車の接続および通信につき以下を規定. —車外とのネットワーク機能から，制御系の車内ネットワークが影響を受けないようにする. —システムの機能不全に備えセーフモードを保証する手法を備える. • サイバー攻撃による不正な操作を自動運転システムが検知したときは，ドライバーに警告のうえ自動車を安全にコントロールすべき旨規定.
セキュリティ	• 通信利用型自動運転車へのリモートアクセスに係るオンラインサービスについては，強力な相互認証をもたなければならない旨規定.

攻撃を検知した際には①ドライバーに警告を行い，②暴走を防ぐ対策をとることが柱となっている．国土交通省が2016年6月に示した自動運転システムでのサイバーセキュリティおよびデータ保護に関するガイドライン[7]の要件を表5.3に示す．

5.8 ま と め

自動運転をドライバーが必要かどうかという観点で捉えると，「高度な運転支援(レベル1–3)」と「自律運転(レベル4)」には大きな違いがある．「高度な運転支援」はこれまで自動車メーカーなどが開発してきた走行・安全技術の延長線にあり，運行・安全管理はドライバーの責任である．一方，「自律運転」はロボティクス・人工知能が重要な要素技術であり，システムが主体的に運行・安全管理をする必要がある．1949年に制定されたジュネーブ道路交通条約では「自動車には運転者(ドライバー)がいなければならない」と定められており，国際的な制度も含む現行制度下では，実現可能な自動運転はドライバーの制御下にあることが前提である．無人のクルマが道路の上を走るには，こうした各種の法制度の改正などが必要となる．同時に，ドライバー不在でクルマが事故を起こした場合の責任のあり方や保険制度についても十分な検討が求められる．高度なドライビングアシスト，レベル1–3までの自動運転については，現在の交通問題を抜本的に解決し，安全・安心で快適な交通社会のために実用化が進み，いずれは自動変速機(AT)やパワーステアリングのように「当たり前」の技術となるだろう．一方，現在の自動車のように，細街路や幹線道路，高速道路や駐車場などのあらゆる状況において完全に無人で走行可能な自動車には技術的にも制度的にも課題がある．しかし，限定エリアにおいて低速で移動するようなサービスとしての自律運転，レベル4の実用化は思った以上に早いかもしれない．

しかし，技術的，あるいは制度的な課題が解決したとしても，自動運転にはもう一つ解決しなければいけない問題として，倫理上の課題がある．自動運転の自動車が，事故が避けられない状況においてどう振る舞うべきかといった問題で，ISO(国際標準化機構)において自動運転技術の標準化を担当する専門家なども自動運転の倫理に関する問題を提起している[8]．

自動運転中の自動車が事故が避けられない状況に陥ったとき，事故を回避するために他の自動車への接触をやむをえないと考えるか否か，あるいは多くの人間が乗っているバスが衝突を回避するために歩道への乗り上げを緊急回避として承認するかどうか，こういった起こりうる状況においての優先順位については，あらかじめ議論しておく必要がある．

自動車は単なる移動の手段ではない．米国では，軌道の上を時刻表に従って動く鉄道と異なり，所有者の意図のままに移動できるという馬に代わる「自由の象徴」としての文化的価値を見出す人も少なくない．また，所有者や車種によっては，宝石や貴金属のような所有欲を満たす存在，ライフスタイルを具現化する手段，あるいは使い慣れた道具のような側面など，さまざまな価値をもっている．こうした自動車文化と自動運転の関係性は，今後大きなパラダイムシフトやイノベーションが予感されており，これからも大きな進化と成長が期待されているだけに，果たすべき責任も大きい．ドライバー，さらには社会の利便性や安心・安全を高めるための自動運転システムが，人間の生活や道路交通を脅かすことがないように，システムの頑健性や多重化などはもちろん，サイバーセキュリティなどについても国際的な検討とルールづくりが求められる．

参考文献

[1] 警察庁：「交通事故統計（平成28年5月末）」（平成28年6月），2016.

[2] 国土交通省：「新たな国土構造を支える道路交通のあり方について」，第15回道路分科会（国土交通省）参考資料2，平成26年7月2日，2014.

[3] National Highway Traffic Safety Administration: "Preliminary Statement of Policy Concerning Automated Vehicles," NHTSA 14-13, May 2013.

[4] Sebastian Thrun, *et al.*: "Stanley: The Robot that Won the DARPA Grand Challenge," *Journal of Field Robotics*, 23(9), pp. 661–692, 2006.

[5] Michael Montemerlo, *et al.*: "Junior: The Stanford Entry in the Urban Challenge," *Journal of Field Robotics*, 2008.

[6] Google: "Google Self-Driving Car Project Monthly Report November 2016."
https://static.googleusercontent.com/media/www.google.com/en//selfdrivingcar/files/reports/report-1116.pdf

[7] 国土交通省：「我が国が主導してきた車両の相互承認制度が盛り込まれた国際条約の改正案が国連において合意～安心・安全な車の国際的な普及を目指して～」（平成28年6月28日），2016.
http://www.mlit.go.jp/report/press/jidosha07_hh_000213.html

[8] S.Shladover: "Cooperative (rather than autonomous) vehicle-highway automa-

tion systems," *IEEE Intelligent Transportation Systems Magazine*, Spring 2009.

第6章

金融機器(FinTech, ATM システム, POS システム)のセキュリティ

伊藤重隆

本章では金融機器について，つながる世界に向けたセキュリティの考え方，取組み内容について事例も交え述べる．FinTech については新しく流動的な分野であり，そのセキュリティについては研究が進行中である．また，FinTech は機器のみに留まらず広範囲の分野で活用される情報システムであることを認識しセキュリティについて対応する必要がある．

6.1 FinTech 対応のセキュリティ

6.1.1 FinTech とは何か

FinTech とは，Finance(金融)と Technology(技術，特に情報通信技術)を組み合わせた造語である．特にベンチャー企業が情報技術を活用した先進的な金融サービスを提供する場合に呼ばれる．最近では，金融業以外の IT ベンチャーや流通業者などが積極的に金融サービスを主体的に顧客に提供している．

米国においては現在，世代交代により「ミレニアム世代」(2000 年以降に社会に進出した世代)の人口比率が 3 分の 1 近くある．この世代の特徴は，デジタル機器やインターネットにまったく違和感のない世代であり，デジタルネイ

ティブ世代と呼ばれる．

このミレニアム世代は既存金融機関の金融サービスに対する評価が低く，「銀行よりもGoogle，Amazon，Apple，Paypalなどが提供する金融サービスに期待する」，また，「今後5年で，お金へのアクセス方法は完全に変わるだろう」，「銀行が提案するサービスはどれも同じ」との調査結果が出ている[1]．

欧米では，既存金融機関が2008年のリーマンショックに端を発した世界的な金融危機を受け，経営状況が悪化している．同時にリーマンショック後の国際的な資本規制により金融機関は多額の規制対応コストが発生し，厳しい経営状況が続いている．この結果，情報技術が発展していくなかで，一部業務の縮小・撤退，投資コストの大幅抑制が行われている．この状況下で，米国ではミレニアム世代を中心にFinTech企業が提供する金融サービスが受け入られる．

一方，日本における金融機関への消費者の信頼度は，米国と比較すると相対的に高くFinTechはメガ銀行も含めて徐々に浸透している．

6.1.2　FinTech適用分野

FinTechは広範囲な金融分野で次のようなサービスが提供されている．

① **決済・送金サービス**：クレジットカードなどのキャッシュレス決済における事業者，消費者の手間・コストを軽減する各種サービスが登場している．海外送金では，既存金融機関よりも安い手数料で小口送金サービスが実現されている．

② **融資・資金調達サービス**：中小企業向けの与信審査に大量データを使用した新しい審査方法を適用し融資する．また，インターネット上で借り手と貸し手をマッチングし，融資するプラットフォームを提供するサービスがある．

③ **資産運用サービス**：オンライン上の簡単な自己診断にもとづいて投資ポートフォリオを自動作成し，低手数料で運用手段を提供するロボアドバイザーが提供されている．

④ **財務管理サービス**：複数の金融機関との取引データや電子マネー，ポ

イントなどの情報を集約し表示する．また，個人向けの家計・資産管理サービスや，企業向けのクラウド型会計サービスを提供している．

上記のサービス以外にも保険料計算サービスなどがある．金融分野への情報技術の適用が進展しているが，人工知能，ビッグデータ処理など，最新情報技術も適用され，FinTech がますます進展している．**表 6.1** に事例を示す．

日本においては金融機関に対する信頼感が米国と比較して高いが，従来の金融機関が大事にして来た信頼性，安全性は，顧客との相互信頼の基礎をなすものである．金融分野においては，便利で安いとしてもセキュリティが十分でなければサービスの存続は困難である．インターネットを利用した金融サービス時のサイバーセキュリティ確保は企業の競争力と成長力の重要な前提である．

金融機関では，多数の取引や決済が連動することが多く，コンピュータセンターも含めた拠点もネットワークで接続され処理されている．サイバー攻撃を受けた場合，その影響が「ネットワーク」を通じて，どの範囲で，どのくらいの影響を受けるかについてよく検討することが必要となる．特に決済については複数の取引が連動しており影響を受ける範囲・程度が多いからである．FinTech を行ううえで，金融機関のみならず金融機関と接続するサービス提供企業もサイバーセキュリティに万全の対応が必要である．

金融機関へのサイバー攻撃について FinTech としてサービスを提供することは，攻撃者から見れば攻撃機会が多くなると解釈できる．例えば，金融機関保有の「預金元帳 DB」への不正書き換えを行い特定の口座残高を増減する金銭詐取や，情報 DB 本体のみならず複写した DB からも情報詐取が行われるので，パスワード設定，暗号化，アクセス端末の制限などのセキュリティ対策が必須となる．また，しばしばあるのは本部で利用した重要情報ファイルが共用サーバー上に保管され，アクセス制限がない状態で情報漏洩し，重大なリスクにつながることがある．したがって，データフローなどを FinTech を実行する場合には再点検することが必須である．さらに，特定のサーバーが攻撃されてシステム運用に支障を来し業務が停止するリスクも考えられることから「プログラム修正」時のウイルス感染も含めてセキュリティ対策が求められる．

表6.1　FinTech の事例

分野	事　例
決済・送金サービス	• インターネットを利用することで，クレジットカード決済などを，24時間365日，リアルタイムで安価に行うサービス． • モバイル端末を簡単なカード読取器として用い，その導入費用を安価，または無料にすることで．小規模企業でクレジットカード決済の取扱いを可能にするサービス． • モバイル端末の機能(電話，電子メール，ソーシャル・ネットワーキングサービス(SNS))を用いて，国際送金を含む個人間(P2P)の送金などを，いつでもどこでも，リアルタイムで，安価に行うことを可能とするサービス． • ビットコインに利用されているブロックチェーンの技術を用いて，既存の決済インフラなどの刷新を目指す企業もある．
融資サービス	• インターネット上で貸し手と借り手を募り，資金貸借を実現するためのプラットフォームを提供(その際，借り手の信用力評価実施)するサービス． • 小口や緊急借り入れニーズなどに従来の金融機関で利用していなかったデータを用いて自動的に審査し，安価にスピーディに対応するサービス．
投資仲介サービス	• インターネット上でクラウドファンディングのためのプラットフォームを提供するサービス．
個人資産管理サービス	• 本人の許諾を得て，インターネットを通じて多数の金融機関の口座情報などを自動的に集約し(アカウントアグリゲーションという)，総額や増額，評価損益，目標金額に対する達成状況を自動計算する，(小口)個人の資産をわかりやすく管理することを可能とするサービス．
個人資産運用サービス	• ソフトウェアによる完全自動処理でコストを抑制し，小口の個人資産運用に対しても，投資助言サービス，投資一任サービスを安価に提供． • 例えば，一定のアルゴリズムを用いて中長期の資産運用ポートフォリオを創成するサービスおよびソーシャルトレーディング(不特定多数の個人投資家が先行き見通し，投資戦略を共有するなどがある)．
小規模企業向け管理業務支援サービス	• 売掛金データと入金データのマッチング・自動消込，銀行・カード情報の自動取得や人工知能を用いた自動仕訳による経理事務の効率化，給与の自動計算・給与明細のウェブ化・労働保険手続きの連動処理による給与・保険事務の効率化など，各種の管理事務をソフトウェアによる自動処理やクラウドサービス利用により安価に提供し小規模企業の各種管理事務の効率化に寄与．

6.1.3 FinTech 実施時のセキュリティ対策事例

FinTech を実施する場合に金融機関から情報を得てサービスを実施するケースがある．この場合，セキュリティリスクが生じる場合，消費者，および消費者にサービスを提供する FinTech 企業のみならず金融機関へも大きな影響を与えることになる．一方，FinTech 企業は，多数の金融機関とインタフェースをもつことができる場合，利便性が高くサービス向上となるので標準的なインタフェースを期待している．今後，利用が多くなると考える標準 API(Application Programming Interface)を利用する場合のセキュリティ対策について以下に述べる[2]．

(1) API により提供するサービス主体と役割

今後，API を利用したサービスは拡大すると考える．ここでの当事者は，消費者(利用者)，FinTech サービス提供企業，金融機関とする．各主体はインターネットにより接続されていて，消費者(利用者)と金融機関は，トークン認証[1)]によって FinTech 企業が口座情報サービスへのアクセスや決済指示の連絡をすることを認めている．

金融機関は，消費者(利用者)に対して金融サービスを提供し，利用者の取引データ(口座残高，取引履歴など)を保有し，決済指示が伝達された場合に決済処理をする．FinTech 企業に対して API 仕様を開示し，FinTech 企業から依頼された必要な処理を実施する．FinTech 企業は，消費者(利用者)からの要求にもとづいて，API を介して金融機関と通信した後，金融機関から受信したデータを適宜加工して消費者(利用者)に提供する．また，金融機関へ決済指示を伝達する．消費者(利用者)は金融機関の顧客で FinTech 企業専用アプリ

---

1) トークン認証とは，金融機関が消費者(利用者)を認証した後，FinTech 企業に対してアクセスするデータの範囲や利用可能なサービス内容を示すデータ(トークン)を生成して FinTech 企業に通信し，それを用いて FinTech 企業と金融機関との間でデータの送受信を実現する方式である．

をモバイル端末にインストールしてFinTech企業からサービスを受ける．

(2)　セキュリティ上の脅威とリスク

攻撃者は，内部者である可能性もあるがここでは外部からの攻撃を主とし，内部者と共同した攻撃も一部想定する．以下では次の4つのケースを想定し，**図6.1**にもとづいて，脅威とリスクを説明する．

①　金融機関への攻撃

②　各主体間を接続する通信路上での攻撃

③　FinTech企業への攻撃

④　消費者(利用者)の利用モバイル端末への攻撃

セキュリティ対策を考える場合，各主体が保有する情報資産の重要性と事業の継続性を考えて対応する必要がある．

①　金融機関における想定されるリスク

㈠　データ流出・改ざんのケース

- ネットワーク機器などの脆弱性が悪用され，APIを介した通信経路から金融機関の情報システムへ侵入され，情報システムからデータ流出，または保有データが改ざんされる．
- FinTech企業が保管しているトークンがサイバー攻撃などによって漏洩し，APIを通じた経路から金融機関の情報システムに侵入してデータの流出，改ざんが実行される．

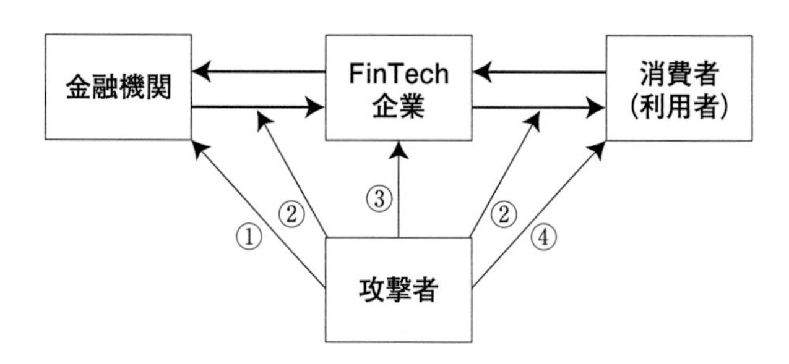

図6.1　主体間の関係と脅威

(イ)　不正な金融取引の指示がされるケース

ネットワーク機器などの脆弱性が悪用され，API を介した通信経路から金融機関の情報システムへ侵入し金融取引(例，決済指示)が行われた結果，不正な取引が行われ，損害が発生する．

(ウ)　情報システムのサービス停止

API を利用した経路から金融機関の情報システムに侵入し，DDoS 攻撃が行われる．その結果，業務が停止となる．

②　各主体間を接続する通信経路上での攻撃

通信経路上で通信データが盗聴される，または改ざんされる．

③　FinTech 企業への攻撃

(ア)　データ流出・改ざんのケース

ネットワーク機器などの脆弱性が悪用され，FinTech 企業の情報システムへ侵入され，消費者(利用者)に提供するデータなどを処理する情報システムに誤りが発生する，または，データ流出，改ざんされる．

(イ)　不正な取引指示が発生するケース

FinTech 企業の情報システムが侵入を受け，消費者(利用者)であると偽って送金指示などを金融機関に送信する．

(ウ)　情報システムのサービス停止

DDoS 攻撃により情報システムが停止する．

④　消費者(利用者)の利用モバイル端末への攻撃

- モバイル端末が乗っ取られ，消費者(利用者)になりすまされる．
- モバイル端末がマルウェアに感染し，不正な操作が行われる．
- FinTech 企業の専用アプリが不当に不正なアプリに置き換えられる．

(3)　セキュリティ対策

以下に**図 6.1** で示した主体別の対策を述べる．

① 金融機関

- API 経由のアクセスについて適切に認証する.
- ファイアウォール，IPS(Intrusion Protection System)を利用して管理する.
- API の脆弱性点検を定期的に実施する.
- 情報システムへのアクセス権限などを体制も含めて点検する.
- トークンを FinTech 企業で保管している場合，トークン詐取の攻撃に備えるため，異常検知技術を導入する．不正が判明した場合は，通信を遮断する.
- 取引認証については，利用者の利便性を前提に MitB(Man-in-the-Browser)攻撃の高度な攻撃もリスク対策を検討する.

  MitB 攻撃とは，マルウェアに感染した端末のブラウザを不正に操作し，ブラウザの表示内容やサーバーとの通信内容を改ざんする攻撃などのことである.
- 送金取引時には消費者(利用者)の意思確認のために取引認証する.
- DDoS 攻撃などによりアクセス負荷が極めて大となる場合には一時的に通信経路を遮断する．消費者(利用者)からアクセスにより情報システムの負荷が大となる可能性が大であるので情報システムの処理能力増強も検討する.

② 各主体間を接続する通信経路

各主体間の通信については，SSL(Secure Socket Layer)/TLS(Trasport Layer Security)などを利用してデータの暗号化などを実施する.

③ FinTech 企業

情報システムならびにネットワーク機器への不正侵入への防止・検知をするために金融機関で実施する対策と同程度の対策を実施する.

- ファイアウォール，IPS(Intrusion Protection System)を利用して管理する.
- API の脆弱性点検を定期的に実施する.

- トークン詐取の攻撃に備えるため異常検知技術を導入する．
- 消費者(利用者)から送金指示を受領した場合，消費者(利用者)の意思確認を行う．この場合にモバイル端末に収容されている専用アプリがマルウェアによって汚染されている場合も考慮して取引認証する．
- 専用アプリを消費者(利用者)に提供する場合には定期的に当該アプリの脆弱性強化を実施し，消費者(利用者)へ提供する．また，金融機関との接続テスト時には専用テスト環境を構築しセキュリティを高める．
- DDoS 攻撃の場合は通信経路の一時遮断などを実施する．
- サービス利用中の消費者に対して定期的にセキュリティについての注意を発信し，利用者がアプリのバージョンアップを適切に実施するように指導する．

④ 消費者(利用者)

消費者(利用者)は，FinTech 企業から提供されるサービスを利用するとき，適切にモバイル端末を管理することが求められる．具体的には，認証情報の管理，モバイル端末の OS へのパッチ適用やマルウェア対策ソフト利用など，FinTech 企業が提供した専用アプリの脆弱性へのパッチ公開時に直ちに適用したり，通常のセキュリティ対策を実施することが主要項目である．なお，これらについては FinTech 企業がサービス開始までにセキュリティリスク防止の観点から消費者(利用者)へ情報伝達することが必要である．

FinTech は新分野であるが，金融機関についてはセキュリティ対策として，「金融機関等コンピュータシステムの安全対策」に沿ってセキュリティ対策を実施している点から，FinTech 企業も何らかのセキュリティ基準に沿った情報システムの構築が求められる．

6.1.4 ブロックチェーン技術

今後のセキュリティ分野に大きな影響があるブロックチェーン技術について

簡単に述べる．

現在国内の金融機関間の送金は全銀センターを通して行われている．また，全銀センターと各金融機関とは専用回線で接続され送金手数料が徴収されている．

この方式に対してブロックチェーン技術は「分散型台帳」を使い，全銀センターのような中央集権的な管理主体はなくとも，分散型のネットワークを利用して分散型台帳への記入によって送金が廉価で高速・安全に実行される可能性がある．

この技術について現在，メガ銀行は FinTech として研究中であり，近い将来には中心的な技術となる可能性がある．また，他の多くの分野に応用される可能性があり，セキュリティ面からも必要要件を充足すると考えられる．

6.2　ATM システムのセキュリティ

ATM システムは金融機関本支店，出張所，無人キャシュコーナー，コンビニエンストア，スーパーマーケットなどに設置され利用者数は多く，たいへん便利に活用されている．ATM システムは従来，専用端末仕様で製作された時代もあったが，現在は価格面からも廉価な標準的な PC ベースのシステムとして出荷されている．一方，標準的な PC ベースであることから従来にはなかったような事件が発生する可能性が高くなっている．

このような事件・事故は，比較的安全な日本国内では発生していないが，今後オリンピックの開催が予定されており，事件が発生する可能性を低くするため十分なセキュリティ対策を実施する必要がある[3]．

6.2.1　海外での ATM システム事件からの教訓

事件例は一般に詳細には公開されていないが，特定のインターネットサイトに掲載されている報道によると次のような手口で事件が発生したと考えられる．ある金融機関の ATM システムが利用している PC へ何らかの方法でマルウェアを感染させ，遠隔地のサイバー犯罪者が ATM システムに対して不正出金コマンドを起動し，現地で出金された紙幣を現地共謀者が持ち去る事件が複数の ATM システムで同一日に発生し，大きな損失が発生する．

海外で使用している ATM システムは保有現金高が少量であるが，日本では現金決済が未だに多いことから ATM システムでの現金保管残高が多い状態が現実である．

上記の事件から得られる教訓は次のとおりである．

① 情報技術の進展により従来にはない経路で ATM システムへのマルウェアなどの感染が生じる可能性がある．

② 内部侵入も含めマルウェアなどの侵入を防止する対策が必要である．

③ ATM システムは遠隔地に設置される場合が多く，社内に設置するコンピュータと異なり管理が行き届かない．

④ ATM システムの管理は体制も含めて対応する必要がある．

⑤ ATM システムが陳腐化し廃棄される場合，廃棄が十分に行われずに放置され犯罪者が当該システムを分解して得た知識および技術を犯罪に利用する場合がある．したがって，この点について従来と比較して厳重な廃棄管理をライフサイクルとして行うことが重要である．

6.2.2 ATM システムの構成例

図 6.2 に ATM システムの構成について典型的な例を示す．

ATM システムは標準的な PC 型の基本システムと同様に制御部によってコントロールされる．制御部は，USB インタフェースで周辺機器と接続される．HDD(ハードディスクドライブは)に OS(オペレーティングシステム)，ドライバ，ミドルウェア，アプリケーション・ソフトウェアが導入されている．制御部の設定のために BIOS が利用される．周辺機器としてディスプレイ，タッチパネル装置，紙幣の入出を行う紙幣・硬貨収納部，カード媒体の読み取りを行うカード読み取り部がある．日本の金融機関は一般的に暗証番号などの入力時にディスプレイなどを利用することが多いが，他のケースでは PIN PAD を利用する場合もある．また，金融機関の場合，明細印字部分，通帳印字部と複雑

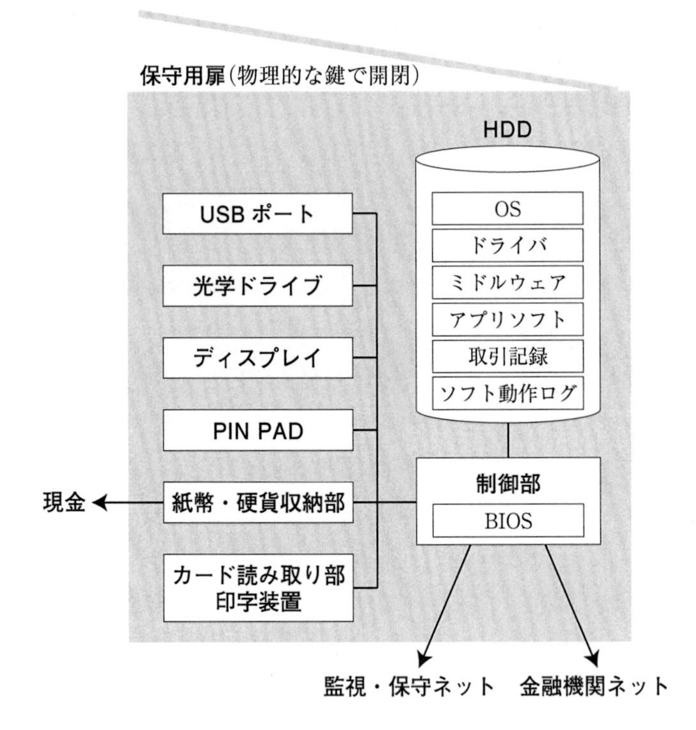

注）**制御部**：カードリーダーや紙幣硬貨収納部のデバイスを制御する標準的な PC.
HDD：制御部に接続されていて OS などを保管している.
BIOS：Basic Input Output System の略．デバイスを制御する.
USB ポート：USB メモリーからソフト導入，保守時に利用される.
光学ドライブ：ソフト導入時に利用される．他の用途にも利用される.
ディスプレイ：取引指示，暗証番号入力，残高表示などに利用される.
PIN PAD：暗証番号・取引金額入力に利用される.
紙幣・硬貨収納部：紙幣(硬貨)の入出金，投入紙幣真偽判定し紙幣を数え，収納部に紙幣を保管する．現金は，紙幣単位別に保管される.
カード読み取り部・印字装置：ATM に挿入された金融機関カードやクレジットカードを読み取る．カードには IC カード，磁気カードタイプがある．同時に取引明細記録を印字する印字装置がある.
監視・保守ネット：金融機関の場合は，複数の ATM システムを制御するサーバーを経由して金融機関の情報システムに接続される.
金融機関ネット：監視・保守ネットと同様な接続であるが入出金取引処理のために勘定系システムと接続し取引認証処理が行われる.

図 6.2　ATM システム構成例

である．さらに，取引認証の厳格化のために生体認証を導入している場合は，指紋，静脈などを読み取る装置も導入されている．また，取引記録，ATM システム自体の動作記録をシステム内の HDD に保存している．なお，システム自体の導入のために光学ドライバも設置される．通常，ATM システムは金融機関専用ネットワークに接続されるか，ATM ネットワークに接続される．また，ATM システムの稼働状態を監視・保守するためにネットワークが利用されるが多くの場合は専用回線，または，VPN[2)]が利用される．

6.2.3 ATM システムのセキュリティ対策実施時の検討点

従来の環境と比較すると ATM システムに対する侵入経路が多岐にわたることから以下を検討して対策を個別に決定し実施する．

(1) 対策実施後の運用コスト増

事件の事例を教訓として運用に従事するもの(内部者)について，作業監査などを実施する場合，運用コスト増となる．

(2) 対策実施時の要員水準確保と対応コスト増

セキュリティについては年々，新型の攻撃が増加している．これに対応するために対策実施要員の水準向上と要員数確保が必要である．また，HDD に保管されている情報資産を保護する場合も管理項目が多いので負担が多く，アプリケーションの更新が生じる場合や新しい手口への対応などの費用が増加する．さらに，OS，ファームウェアの更新がある場合は，連携して動作するソフトウェアの種類が多いため，完全な更新テストを実施し検証および認証テストを行う場合は大幅なコスト増となる．

2） VPN とは，Virtual Private Network の略で，異なるネットワークのアドレス空間を仮想的に同一とするもので，インターネットや独自のネットワーク上に構築される，安全性に配慮された閉域型通信ネットワークシステムである．

(3)　ATM システム導入時の顧客別対応コスト

セキュリティ対策は金融機関等の運用ルールによっては ATM システムでの対応が異なり負担が大となる．極力，標準的な対応でコスト増を回避する．

(4)　内部担当者の管理と対応コスト

従来の事件からの教訓として内部担当者が外部者と組んで ATM システムへ侵入することが報告されている．この場合，侵入する経路に関するインタフェース仕様書が無断で持ち出されたことが判明している．このため，内部管理は従来以上に厳重に行う必要がある．また，ATM システムの物理的扉を開扉して侵入し，ATM システムを不正操作する機器を取り付けた事例がある．これについては，物理的鍵のみでなく暗証番号入力機能を追加して暗証番号を定期的に変更する対策がある．そのため，厳重な管理とするためのコストが増加する．

6.2.4　ATM システムへのセキュリティ対策

(1)　全体方針

マルウェアなどの攻撃手法は日々，新しい手法が開発されている．セキュリティ対策を考えるうえで，不正出金事件・事故，サイバー攻撃手法について最新知識を情報収集する体制を確立する．また，同業者，IT 会社，サイバー担当国家機関と情報交換し，できれば海外機関とも情報交換を行う体制が必要である．この社内で収集した知識を活用した製品開発を行う人材を育成する．人材は知識水準の維持・向上のために定期的に情報技術研修を行う．

同時に不正侵入者の目的は，特定の資産であるのでこの資産を防護する対策を重点的に実施する．不正操作を防止するために，多くの部品，ソフトウェアが連携して稼働する方式による正しい手順のみ受けつける方式とする．

(2)　要件定義・分析フェーズ時の対応

ATM システムとして保護する資産を明確にする．保護対象として財務的には保管する紙幣・硬貨がある．この出金コマンドも同様である．情報資産としては，顧客入力のカード番号や暗証番号，また取引記録も保護が必要である．

従来のATMシステムは金融機関ネットワークと接続されることが通常であるが，今後，金融サービスの多角化の一環としてスマートフォン(モバイル端末)との通信も予想される．ATMシステム内の制御部に対する保護が必要である．

保守担当者などの内部者によるマルウェア投入などの不正行為は作業の遠隔監視，作業記録監査が考えられる．ATMシステムに対する不正出金指示が実行された場合についても出金ログが必ず記録され，また，不正な部品が万が一にも組み込まれた場合には証跡が残り不正事実が監視チームへ報告される仕組みを検討する．

(3) 設計・開発フェーズ時の対応

既往の事件・事故からATMシステム内で標準的な外部通信インタフェースが利用されている点を突く犯罪例が多く見られる．この対策として，制御部保護対策として，ホワイトリスト対策ソフト，またはOSの防御としてハードニング対策が有効である．また，制御部と重要周辺機器とのインタフェースに，暗号技術を使用したメッセージ正当性の検証も有効である．また，情報資産として暗証番号は，必ず暗号化して保護する．また，制御部に取引記録を保管するが，取引記録に追加して紙幣・硬貨の入出金記録を保存することによりATMシステムの稼働状況が検証される．

前述した制御部と重要周辺機器とのインタフェースに暗号化技術を利用する場合，暗号鍵の設定に特権モードが必要である．こうすると特権モードの保有者のみが暗号鍵の設定が可能であるため，より安全性が高い対策となる．

また，ATMシステムの稼働状態についても記録し，かつ不正に稼働記録が改ざん，または消去されない仕組みを設定する．また，外部との通信記録もログとして保存し，ログを利用した監査を実施できるようにする．また，ATMシステムは長年にわたり利用することが多いので，OSを始めとしたソフトウェアについて最新の状態とするために定期的，または不定期に更新する仕組みを導入する．

設計・開発終了時にテストベッドで評価・検証を実施する．また，顧客の環境でセキュリティホール対策が実行されていることを確認し実地検証し実稼働させる．

(4)　廃棄フェーズ時の対応

ATM システムは，部品故障，摩耗などで廃棄される場合がある．廃棄された ATM システムの部品(保存データを含む)が分析されることで不正な部品が開発され ATM システムに追加・置換されると，その結果として不正侵入につながる恐れがある．したがって，これを防ぐ必要がある．このためには ATM システムの廃棄時にデータ消去，破壊処理が必要である．廃棄処理業者に委託した場合，業者が完全に部品・機器を破壊した破壊処理証明書を受領することが必要である．

6.3　POS システムのセキュリティ

POS とは，Point of Sales の略でスーパーマーケット，デパート，コンビニ，中小個人商店でレジの売上を単品単位で商品別に集計管理し，同時に在庫管理を行うシステムである．店舗内に複数台設置し，商品販売時に商品の値札についているバーコードを読み取り，商品コード，品名，値段などの情報を記録する．顧客から売上に応じて現金，店舗発行カード(クレジット払い兼ポイントカード)，クレジットカードにより支払いを受ける．現金の場合，釣銭がある場合は自動釣銭機から出された釣銭を顧客に手交する．また，スマートフォン提示によるスマート決済も開始されている．従来にないタイプの方式で世界につながるケースが多くなりつつある．中規模以上の企業は，各店舗で登録された情報が本部に設置されたサーバーに送信され，本部の管理業務に利用される．

POS システムの導入目的は，各店舗の売上集計の合理化(POS 集計結果と現金を照合して業務終了が可能)である．また，各店舗の商品別売上分析と商品在庫状況の把握と合理的な仕入れ計画の作成，会計システムとの連動による経理業務合理化である．

POS システムは店舗によって，チェッカー(商品登録者)とキャッシャー(レジ担当)に分離している場合と兼任する場合がある．また，POS システムの不正操作を防止するために社員証カードをかざすことで業務開始・終了とする仕組みを導入している企業もある．この場合，業務時間管理も同時に行われる．また，各店舗に POS システム管理のために責任者が配置される．

POS システムは目的に合わせて多くのタイプがあるが，企業はコスト面から導入機種を決定する．現在は企業ではコストが廉価で機能も多い標準的な PC ベースの機種の導入が多くなりつつある．POS システムは年々，顧客ニーズの多様化によって機能が追加されている．さらに，クラウド利用などによる効率化への対応も発生する．このため想定外のルートから外部侵入されセキュリティ事件になる．POS システムのセキュリティ対策を見直す時期である．

6.3.1 海外での POS システム事件からの教訓

事件の詳細は一般に公開されていないがインターネットに掲載されている記事によると以下の事件が発生したと考えられる．

POS システムに対して何らかの方法でマルウェアを感染させて遠隔地から POS システムに対して不正ソフトウェアをダウンロードし，POS システムが読み取るクレジットカード番号と暗証番号，およびデビットカード番号と暗証番号を不正ソフトウェアが窃取する．不正入手した情報から偽造クレジットカードおよび偽造デビットカードをサイバー犯罪者が大量に作成し，不正使用によって多額の損失が発生している．

上記の事件から得られる教訓は次のとおりである．

① 情報技術の進展により従来にはない経路で POS システムへのマルウェアなどの感染が生じる可能性がある．

② マルウェアなどにより顧客情報を窃取する不正ソフトウェア侵入を防

止する対策が必要である．

③　POSシステムは決済サービス向上のためにアクセス経路が多様化しつつあり，従来のセキュリティ対策では防止できないケースが発生する．

④　POSシステムのセキュリティ管理は保守管理体制も含めて検討し対応する．

6.3.2　POSシステムの構成例

図6.3に示すように，POSシステムは，売上計上部と売上金収納部に2分される．POSシステムはPCをベースにした制御部が存在し，制御部がディスプレイ，スキャナー，POSキーボード，カードリーダ，釣銭機，レシートプリンタ(印刷機)などの周辺機器を制御する．

6.3.3　POSシステムのセキュリティ対策実施時の検討点

前述した海外で発生した事件と今後のつながる世界を考慮したセキュリティ対策を実施するうえで従来にはない次のようなリスクを想定して対策を検討し実施する．

①　POSシステムのインタフェースが多くなる場合，侵入ルートとして従来はないネット経由の経路から不正ソフトウェアがダウンロードされて不正が行われる．また，接続しているUSBなども侵入ルートとなる可能性がある．

②　POSシステム開発者が内部仕様書をインターネット上に公開し，サイバー犯罪者が当該情報にもとづきマルウェアを作成し，内部仕様書情報にもとづき新製品であるにもかかわらずPOSシステムへ侵入する．

③　POSシステムの初期設定に利用するパスワードが初期状態のままで放置される．サイバー犯罪者が当該システムのパスワードを推測して使用し，当該システムの設定について不正変更を行い，マルウェアのダウンロードが実行される．

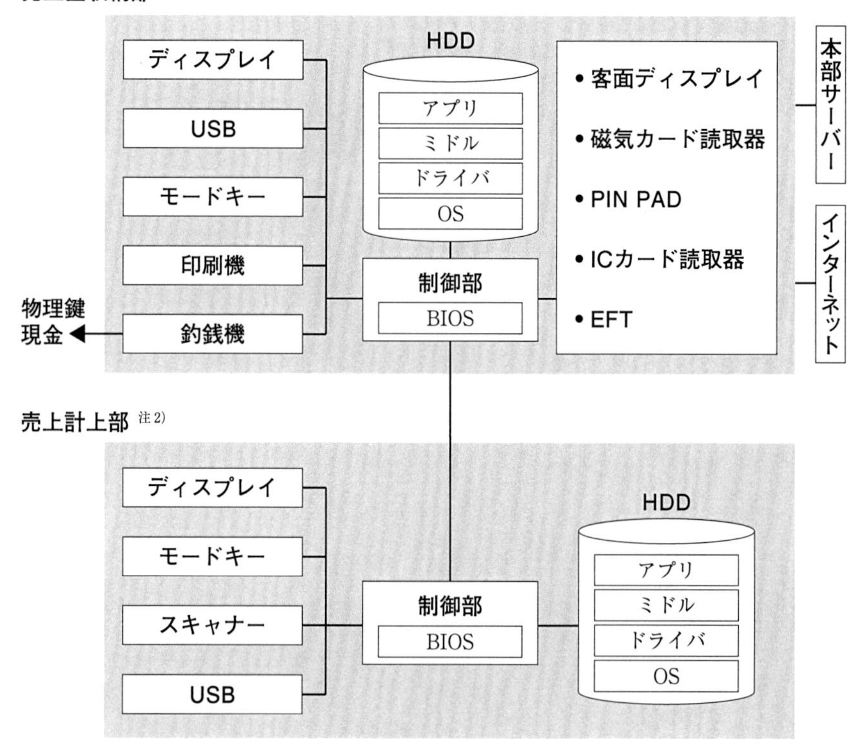

注1)　**売上金収納部**
ディスプレイ：取引メニューや処理結果を表示
USB：周辺機器と PC を接続する差し込み口
モードキー：ディスプレイ表示切替用キー
印刷機：売上領収書を印字する機器
釣銭機：紙幣，硬貨，金券などを収納する場所
HDD：制御部に搭載され OS などおよび保守用ソフトがインストールされている．また，取引記録が保存される．
制御部：磁気カード読取器，釣銭機などを制御するコンピュータで，OS は Windows の利用が多い．
BIOS：起動デバイスを制御する．通常は HDD から起動する．HDD 以外からの起動についてはアクセス時にパスワードが要求される機能が追加されている場合がある．
客面ディスプレイ：顧客に取引内容を表示，または処理結果を表示
磁気カード読取器：磁気ストライプ型カードの読取り

図 6.3　POS システム構成図例

PIN PAD：IC カード対応クレジットカードの暗証番号入力用機器
IC カード読取器：IC カードのクレジット情報，ポイント情報などの読取り
EFT：銀行キャッシュカードで電子決済する仕組みに利用

注2)　**売上計上部**
ディスプレイ：商品コード，商品内容，商品個数，売上金額などを表示
モードキー：売上金収納部の参照
スキャナー：商品のバーコードに記録されている商品情報の読取り
USB：周辺機器と接続する差し込み口
制御部：磁気カード読取器，釣銭機などを制御するコンピュータで，OS は Windows の利用が多い．
BIOS：売上金収納部の参照
HDD：売上金収納部の参照

図 6.3　POS システム構成図例(つづき)

④　POS システムの管理不十分な状況を利用して不正なデバイスを接続する．

⑤　各店舗の POS システムが運用費用削減のためにインターネットを利用するクラウドシステムへ変更され，サイバー犯罪者からインターネット経由で攻撃を受ける．

6.3.4　POS システムのセキュリティ対策

(1)　全 体 方 針

海外で発生した事件に対しては情報資産保護のために次のような対策を POS システム内の HDD 機器に対して講じることが推奨されている．

①　ファイアウォールを設定する．

②　ウイルスチェックを実行する．

③　インターネットへのアクセス管理を行う．

④　リモートアクセスを制限する．

上記の対策に加えて BIOS へのアクセス制御，USB などを利用したブートの禁止が必要であるとされる．しかし，実際に POS システムに前述の対策をすべて適用することは，多数の POS システムを管理する場合に負担が大きい．また，OS は Windows などの市販されているソフトウェアを利用するため，セキュリティパッチ，バージョンアップなどを現場で頻繁に実施しなければな

らないが，現実の運用では無理に近い．さらに，システム障害時の対応についてセキュリティ対策が十分でないなどの問題点がある．

POSシステムでのセキュリティ対策を行う場合にはこの点を考慮して実行する必要がある[3]．

(2)　要件定義・分析フェーズ時の対応

セキュリティ要件を明確にする．情報セキュリティ要件として，機密性確保(情報資産を正当な権利をもつ人だけが使用できる状態(情報漏洩の防止，アクセス権の設定などの対策))，完全性確保(情報資産が正確であり不正に変更されないこと(改ざん防止とその検出など))，可用性確保(情報資産を必要なときに使用できること(電源対策，システムの二重化))をベースとする．POSシステムのホスト側でのセキュリティは厳格に実施する．また，データ伝送，データ保存時の個人情報とプライバシー保護要件を検討する．セキュリティ要件検討時には既存の情報，情報資産(磁気カードデータおよび暗証番号など)保護対策に加え追加保護対象の保護優先度を検討し対象を決定する．

例えば，ポイントカード会員番号，POS売上明細データなどが考えられる．また，セキュリティ対策として現場での頻繁なソフトウェアパッチの適用，OSも含めたソフトウェア更新は現実的には負担が大きいので，重要データは周辺ハードウェアで保存することを検討する．また，POSシステムと周辺機器とのインタフェースは標準仕様が公開されているので，不正防止のためには暗号化通信を採用する．さらに，ウイルスチェックのためにシステム内で実行可能プログラムを登録し，未登録プログラムの起動を不可とする．また，過去の取引を利用した不正操作を防止するために過去の取引と照合するためのログ保存，周辺機器の接続・切り離し時に記録保存するなどの対策を検討する．

クレジットカード処理のセキュリティ対策は，クレジットカード番号，暗証番号をPOSシステムでは処理させずにPOSシステムとクレジットカード決済とを分離しリスクを削減する．

(3)　設計・開発フェーズ時の対応

分析フェーズにおいて実施したセキュリティ要件の検討結果から実際に採用する設計手法を選択する．設計手法の選択時には，リスク評価の実施後にシステム要件，セキュリティ要件，機能要件から見てリスクが軽減される設計手法を決定する．

以後，設計内容に沿って個別にハードウェア，ソフトウェア，通信システムをテストし，システム統合テストを経て製品を完成させる．さらに，出荷時に製品評価として機能要件評価のみならずセキュリティ評価も実施する．

(4)　廃棄フェーズ時の対応

POSシステムもATMシステムと同様に故障，摩耗などで廃棄される場合がある．廃棄されたPOSシステムが保有するデータおよび部品を分析されることによるデータの不正利用および部品の改ざんによってPOSシステムが侵入されない対策を実施する．このためには分析されないようにデータ消去，破壊処理などの廃棄処理が必要となる．廃棄業者に委託した場合，業者が完全に部品・機器を破壊した破壊処理証明書を受領することが必須である．

参考文献

[1]　Viacom Media Networks: "Millennial Disruption Index," 2016.

[2]　中村啓佑：「金融分野のTPPsとAPIのオープン化：セキュリティ上の問題点」，『IMES Discussion Paper Series』，日本銀行金融研究所，No. 2016-J-14, 2016.
http://www.imes.boj.or.jp/research/papers/japanese/16-J-14.pdf

[3]　独立行政法人情報処理推進機構 技術本部 ソフトウェア高信頼化センター 監修：『つながる世界の開発指針』，2016.
http://www.ipa.go.jp/files/000054906.pdf

第7章

社会インフラ(都市交通，清掃工場，水道施設)のサイバー防衛

折原秀博

7.1　社会インフラにおける産業用制御システムの役割

社会インフラとは，電気，ガス，上下水道，鉄道，通信など多種にわたっているが，その多くが産業用制御システム(Industrial Control System：ICS)によって運転・稼働している．例えば，電気，ガス，上下水道などの施設・設備においては，多種多様なセンサー，計装機器，動力機器と制御システムが連携して，24時間運転管理が行われている．

このうち制御システムは，施設・設備の特性に合わせた仕様で個別に製作されていることから，サイバー攻撃を受ける可能性は低いといわれている．また，施設・設備内部に閉じたネットワークを利用するなど，外部から侵入を防護するためにインターネットへの接続は極力排除されている．

7.1.1　社会インフラのインターネット接続

社会インフラの心臓部である制御システムのインターネット接続は，サイバー攻撃を受ける危険性が高くなることから回避されてきたが，近年IoTの

進化や市民への情報提供などを目的として増加する傾向にある．

(1)　情報収集型

情報収集型の特徴的なものとして，監視カメラ・IPカメラを利用した画像解析システムによる情報収集がある．

従来の監視カメラは，画像データを直接配信する方式をとっており，制御システムとは独立したものであった．しかし，近年画像解析技術の進化によって，監視カメラの画像データをもとに自動制御を行うことが可能になってきたことから，制御システム内への新たな侵入経路として警戒が必要となっている．

また，電力事業においては電力の需要予測などに必要なスマートメーターが普及しようとしている．各需要家の電力使用状況をインターネットなどの回線を使ってリアルタイムに把握するという画期的なシステムである．しかしながら，データの改ざんや悪意のある侵入者などに対応するための安全対策に未解決な要素があるといわれている．

東京都水道局では，東京オリンピック・パラリンピックの選手村(大会後，選手村は一般住宅として活用される)において，電気・ガス・水道の使用量を共同で自動検針できるスマートメーターを設置するモデル事業を実施する[1]．

(2)　情報提供型

近年，社会インフラの安全管理に対する不安から，**図7.1**のようにインターネットを利用して施設・設備の運転・稼働状況などの情報をリアルタイムに提供するサービスが増えている．

しかしながら，制御システムへのサイバー攻撃の事例では，制御系システムの一部の端末が情報系端末としてインターネットに接続していたことがこの原因となっている．これは，ウイルスに感染した端末を制御系システムに接続することで，システム内へウイルスが侵入しサイバー攻撃を受けたものであった．

また，運転状況のデータ解析に必要なデータを制御システムから書き出す

図 7.1 情報提供サービスのイメージ

際，USB メモリーなどの外部記憶メディアを介してサイバー攻撃を受けた事例もあり，慎重な取り扱いが求められている．

(3) ビッグデータの活用

制御システムの新たな脅威として，ビッグデータの活用がある．社会インフラや製造業などにおいても，IoT の導入や各種センサーと連携したビッグデータの活用が検討されている．既にデータ活用が行われている事例としては，東京都臨海部にある東京ゲートブリッジ(**図 7.2**)の中に伸縮・歪計測センサーが埋め込まれており，計測データを自動監視している．これによって地震などの災害時の影響を即時に把握することが可能となった[2]．

東京 23 区の清掃工場を管理・運営する東京二十三区清掃一部事務組合では，老朽化した清掃工場の建替えに合わせて，従来の運転データに加えて，運転予測・異常前兆の検知や機器の寿命予測などに必要となるデータを収集・解析を行う．このデータをもとに，運転条件の変化に対応しながら最適に制御する自立制御や機器の稼働データをもとにした予兆診断サービスなどを導入する[3]．

写真提供）　東京都港湾局.

図 7.2　東京ゲートブリッジ

また，このシステムでは焼却炉内の燃焼状態を画像から判断し，運転を最適化する「燃焼画像認識システム」,「ビッグデータ管理システム」など最新技術を導入する．しかし，社会インフラにおけるビッグデータの活用を目指すなかで，制御システムの外部接続や，IoT 機器接続が増加することが予想されることから，十分なリスク管理が必要である.

7.2　社会インフラの機能停止による影響

社会インフラが何らかの理由により機能停止となった場合，市民生活への影響は大規模なものとなることは容易に想像できる.

国内外を含めサイバー攻撃による社会インフラの機能停止の事例はまだ少ないが，今後 IoT の進化などによって危険性が高まると考えられることから，近年のサイバー攻撃の事例を参考にして十分な対策を講じる必要がある.

7.2.1　サイバー攻撃による社会インフラの影響事例

(1)　ウクライナにおける大規模停電[4]

2015 年 12 月 23 日，ウクライナで大規模な停電が発生した．この停電の原

表 7.1　ウクライナの電力会社に対するサイバー攻撃[4]

項　目	内　容
発生場所	フランキーウシク州(ウクライナ西部)
侵入先	州内電力会社(最大 3 社)関連設備
被害状況	BlackEnergy3(マルウェア)によってリモートからシステム制御を通じ，変電所(30 箇所)のブレーカー遮断とカスタマーサービスセンターへの問合せ遮断
復旧状況	手動で復旧したため，早期(3 ～ 6 時間)に停電は解消
停電までの経緯	①　Microsoft Office の脆弱性を攻撃するマルウェアが添付されたメールを受信 ②　電力会社(2 ～ 3 社)の情報系 PC に侵入 ③　州内変電所のブレーカー遮断 ④　大規模停電発生

因は BlackEnergy3(マルウェア)[1)]によるサイバー攻撃で，ウクライナ西部の数万世帯で数時間にわたって停電した．サイバー攻撃の具体的な内容は**表 7.1**のようなものである．

ウクライナの事例では，電力会社の制御システムと情報系システムが接続されており，情報系システムに侵入したマルウェアが制御システム内に侵入し，制御機器を操作したと考えられている．このような侵入経路は，一般的な基幹システムへの侵入において多数の事例があるが，制御システムにおいては従来困難と考えられていたことから今後十分な注意が必要である．

(2)　IoT 機器を利用した大規模 DDoS 攻撃[6]

2016 年 10 月 21 日，米国国内で局所的に数時間にわたり多くのネットワークサービスに接続できない状態が発生した．**表 7.2** のように攻撃の対象となっ

1)　BlackEnergy3：初期のものは DDoS 攻撃機能を備えたシンプルなトロイの木馬．2010 年には機能が追加された BlackEnergy2 が発見され，2014 年に最新型の BlackEnergy3 が発見された．最新型の機能は，ファイルシステム操作，パスワード盗聴，スクリーンショット，遠隔操作ツール，システム破壊，内部保護機能として継続的なコードチェックに対する高度な防衛策を備えている[5]．

表7.2　米国の通信インフラのウイルス感染[6]

項　　目	内　　容
発生場所	米国国内東海岸・西海岸の一部
侵入先	Dyn(ダイナミック・ネットワーク・サービシズ)社
被害状況	DDoS攻撃により，DNS(ドメインネームシステム)サービスを提供している多くの主要企業のサイトで，接続しにくい状況が発生
復旧状況	5時間程度で復旧
発生原因	インターネットに接続された監視カメラやデジタルビデオレコーダーが，Mirai(ミライ)注)と呼ばれるマルウェアに感染し，DDoS攻撃を実施したものと推測されている．

注)　Mirai：産業用・家庭用のIoT機器に侵入し，大規模なネットワーク攻撃を実施することが可能なマルウェア．製品出荷時のIDとパスワードを利用して監視カメラやルーターなどネットワークに接続した機器に感染し，これを変更しない限り再起動しても感染したままとなる[7]．

今回，攻撃の踏み台となった機器は中国メーカーのものとみられており，ユーザーが変更できないIDとパスワードが機器のチップに書き込まれているため，マルウェアのMiraiの感染によって攻撃の踏み台として標的にされた可能性が高い．既にメーカーは対象機器のリコールを発表している[7]．

たのは，米国国内でDNS(ドメインネームシステム)サービスを提供しているDyn(ダイナミック・ネットワーク・サービシズ)社で，同社の顧客である多くの主要企業のサイトで影響が出た．

7.2.2　災害・事故などによる社会インフラの影響事例

(1)　送電設備の火災による停電[8]

2016年10月12日15時頃，東京都心で約58万6千世帯が停電する事故が発生した．原因は，地下送電ケーブルの接続部で漏電が起き，絶縁油の入ったパイプが破裂したことで出火・延焼したものである．

東京電力は，漏電した原因の一つとしてケーブルの経年劣化によるものと推定されると発表した．漏電が起きたケーブルでは，前後のケーブル同士をつなぐ部分の外側を覆うパイプが破裂した痕跡があった．

この火災によって，エレベーターへの閉じ込め，信号機の停止や私鉄・地下

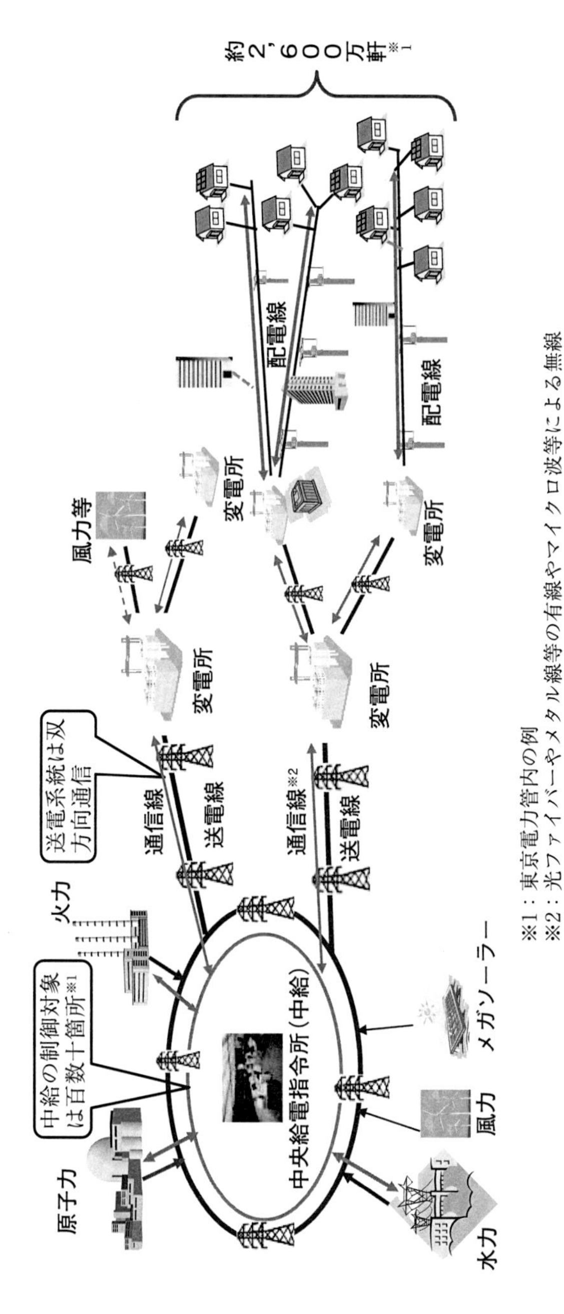

※1：東京電力管内の例
※2：光ファイバーやメタル線等の有線やマイクロ波等による無線

出典）資源エネルギー庁 電力・ガス事業部：「送配電システムの現状と課題について<次世代送配電ネットワーク研究会の概要等>」(平成22年5月27日)，2010，p. 2.

図 7.3　送配電システムのイメージ

鉄の一部路線の運休などが発生し，市民生活に多大な影響が発生した．

この事例で参考とすべき点は，**図7.3**に示すように送電・変電システムの一部設備の損傷によって，市民生活だけでなく他の社会インフラにも大規模な影響が及んでしまうことである．ウクライナの事例でも明らかなように，仮にこれらの設備がサイバー攻撃によって機能を停止した場合を想定すると，社会全体に与える影響は甚大であり万全の対策が必要である．

(2)　システム障害による運行休止[9]

2015年11月，JR東日本は山手線の新型車両「E235系」の運行を開始したが，開始直後，システム障害によって運行を休止した．新型車両には，車両の位置や速度などの情報によってブレーキやアクセルなどを自動制御するシステムを導入したが，このシステムの不具合により通常の車両停止位置の手前で停止するなどの事象が続出した．この運行休止に伴う影響は小規模であった．

その後，原因とされたシステムを修復し，長時間の試験運転を実施したのち，2016年3月営業運転を再開した．

この事例では，車両に搭載されたシステムの障害によって当該車両だけが運行を休止したものであり影響も小さかったが，参考とすべき点は，鉄道の安全運行に関する各種システムの障害が運行に及ぼす影響である．電力の供給に関するシステム，運行管理システム，信号システムなど鉄道事業者の主要システムの障害によって，市民生活に多大な影響が発生することは明らかである．このため，鉄道事業者はサイバー攻撃を想定した万全の対策が必要である．

7.3　社会インフラにおける制御システムの脆弱性

これまで制御システムにおけるシステムダウンの発生原因は，主にシステム内部にあり，外部からの侵入が困難な現状では本格的なサイバー攻撃対策は実施されていない．しかしながら，今後，**図7.4**のように制御システムが外部システムと接続される可能性が高くなると予想されることから，早期に本格的な対策の導入を検討する必要がある．

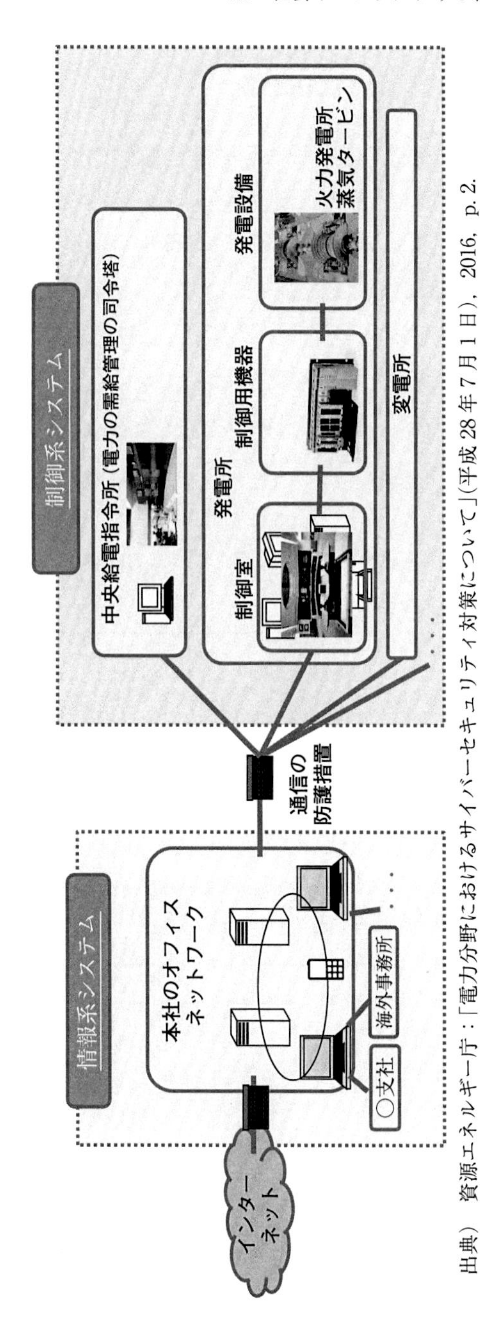

出典）資源エネルギー庁：「電力分野におけるサイバーセキュリティ対策について」(平成28年7月1日)，2016，p. 2.

図 7.4　電力会社における制御システムの外部システム接続イメージ

7.3.1　制御システムの特性による脅威

制御システムと情報系システムの特性を比較すると，表7.3のようになる．このなかで注目すべき点は，施設・設備の運転・保守要員のセキュリティ意識の低さである．これは，国内においてサイバー攻撃の事例が少ないため，システムの安全性に対する信頼感がその要因の一つであると考えられる．

この点については，教育プログラムなどによって解決が可能である．しかし，制御システムを管理・運営する事業主体だけでなく社会全体が抱える大きな課題が，今後制御システムに対する最大の脅威となることを，特に経営層や管理者が理解する必要がある．

表7.3　制御システムと情報系システムの特性比較

項　　目	制御システム	情報系システム
設計・製作	施設・設備ごとに独自に設計・施工	汎用システムを組み合わせて設計・構築
保守・点検	保守・点検は製造メーカーに依存	保守・点検は開発ベンダーに依存
システム構成	分散制御システム(DCS：Distributed Control System)を中心にシステムを構成し，各種制御装置と相互に通信し監視する．	データベースを中心にシステムを構成し，各ユーザーの端末(パソコン)に情報提供等を行う．
ネットワーク構成	LAN(Local Area Network) 施設・設備内の専用ネットワーク	WAN(Wide Area Network) 一般公衆回線等を使った広域ネットワーク
耐用年数	15年程度	10年程度
セキュリティ対策	物理的対策(施錠管理，入退室管理など)を重視	汎用システムおよび汎用ソフトウェアによる対策
セキュリティ意識	保守・点検作業は製造メーカーに依存しているため，運転・保守要員のセキュリティ意識は低い．	管理部門が中心となってユーザー教育などにより徹底
監視体制	運転管理要員による常時監視	システムによる常時監視

(1)　運転・運行管理の効率化・省力化による影響

国内の産業界においては，少子高齢化，団塊世代の大量退職などの影響で，人材不足が深刻な状況が続いている．**図 7.5** のように 2012 年以降，団塊世代が雇用延長の期限である 65 歳を過ぎて徐々に職場を離れ，生産年齢人口が減少するとともに若い世代への技術や技能の継承が難しくなってきた[2)]．

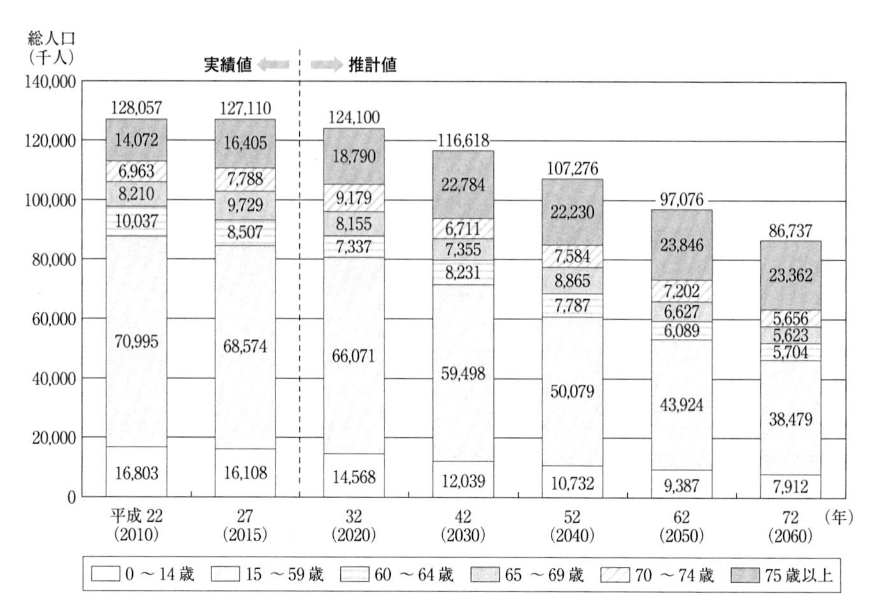

資料：2010 年は総務省「国勢調査」，2015 年は総務省「人口推計（平成 27 年国勢調査人口速報集計による人口を基準とした平成 27 年 10 月 1 日現在確定値）」，2020 年以降は国立社会保障・人口問題研究所「日本の将来推計人口（平成 24 年 1 月推計）」の出生中位・死亡中位仮定による推計結果
（注）　2010 年の総数は年齢不詳を含む．

出典）　内閣府：『平成 28 年版 高齢社会白書』，2016，p. 4.

図 7.5　年齢区分別将来人口推計

---

2)　生産年齢人口の減少：生産年齢人口とは，生産活動に従事しうる人口のことで，15 歳以上 65 歳未満の年齢に該当する人口である．**図 7.5** によると，2010 年の生産年齢人口は約 8,100 万人，2015 年には約 7,700 万人で約 400 万人が減少した．このうち 60 歳～ 65 歳世代の減少は，約 150 万人で全体の 38％と大きな割合を占めている．

産業界では人材不足・経験不足に対応するために，人工知能や画像解析システムなど最先端技術を制御システムに導入し，業務の効率化・省力化を目指してさまざまな分野で運転・運行管理の自動化を進めてきた.

しかし，制御システムにおける過度の自動化はシステム内部のブラックボックス化がより深刻化するとともに，運転・保守要員の事故や災害への対応能力の低下やセキュリティ意識の低下を招いてしまう可能性がある.

(2)　業務委託による脅威

企業，自治体を問わず事業費の削減は組織の重要課題となっており，施設・設備の運転・運行業務においても業務委託などによって経費の削減に取り組んでいる．しかしながら，業務委託によって事業運営に及ぼす影響は少なくない.

例えば，受託者においてはベテランと呼ばれる業務経験が豊富な人材の採用は人件費が高額となり困難なことから，経験の少ない人材を採用せざるを得ない．しかし，これによって事故や障害時の対応に不安が生じている.

また，発注者においては，委託管理の業務が主な業務となり，経験不足から事故などの対応の指示が適切にできなくなるなどの弊害も発生している.

特に深刻なのは，施設・設備の運転・運行管理責任は受託者側に，施設・設備全体の管理責任は発注者側にあることから，当該制御システムにおけるセキュリティ対策の役割分担が不明確なことである．このため，委託契約においてあらかじめ表7.4のように発注・受注側双方の役割分担を明確にする必要がある.

7.4　社会インフラのサイバーセキュリティ対策

サイバーセキュリティの先進国といえるのは米国，イスラエルなどであるが，軍や情報機関のニーズにもとづき研究機関や民間企業が一体となって高度な技術や人材が養成されている[10]．一方，日本国内では，社会インフラにおけるサイバーセキュリティの取組みは始まったばかりである.

表 7.4　委託契約書に盛り込むべき事項

①　委託内容，範囲，責任の明確化
②　委託契約期間
③　守秘義務の取り決め
④　委託契約終了後の情報の取り決め(返還・消去・廃棄等)
⑤　再委託に関する取り決め
⑥　委託業者の情報セキュリティ管理に対応する内容
⑦　契約内容を遵守していることの確認
⑧　契約内容を違反した場合の措置
⑨　セキュリティ事件・事故が発生した場合の措置

出典)　日本ネットワークセキュリティ協会「情報セキュリティの基礎」.

社会インフラは市民生活に欠くことのできないものばかりであり，サイバー攻撃の標的となることは宿命でもある．従来の独立した制御システムを維持する場合においてはサイバー攻撃を受ける可能性は極めて低く，物理的セキュリティや運転・保守の委託契約における人的管理など，限られた分野でのセキュリティ対策で十分であった．

しかしながら，IoT の進化や新たな脅威に対応するためには，早急にサイバーセキュリティ対策の充実が不可欠であり，2015 年 1 月，国はサイバーセキュリティ基本法を施行し，国，地方公共団体，重要インフラ事業者，サイバー関連事業者，教育研究機関などの責務について規定した．

特に重要インフラを所管する省庁(総務省，経済産業省，国土交通省，厚生労働省，金融庁)については，**図 7.6** のように，2015 年 1 月内閣官房に設置した内閣サイバーセキュリティセンター(NISC)[3] との協力・連携を図り，サイバーセキュリティ政策を推進する体制を確保した．

---

3)　NISC(National center of Incident readiness and Strategy for Cybersecurity)：内閣サイバーセキュリティセンター．サイバーセキュリティ基本法にもとづき内閣官房に設置された組織．内閣官房副長官補をセンター長として，基本戦略，国際戦略，重要インフラなどを担当する 6 グループを設置．事案対処分析グループでは，標的型メールや不正プログラムの分析，その他サイバー攻撃事案の調査分析などを行っている[11]．

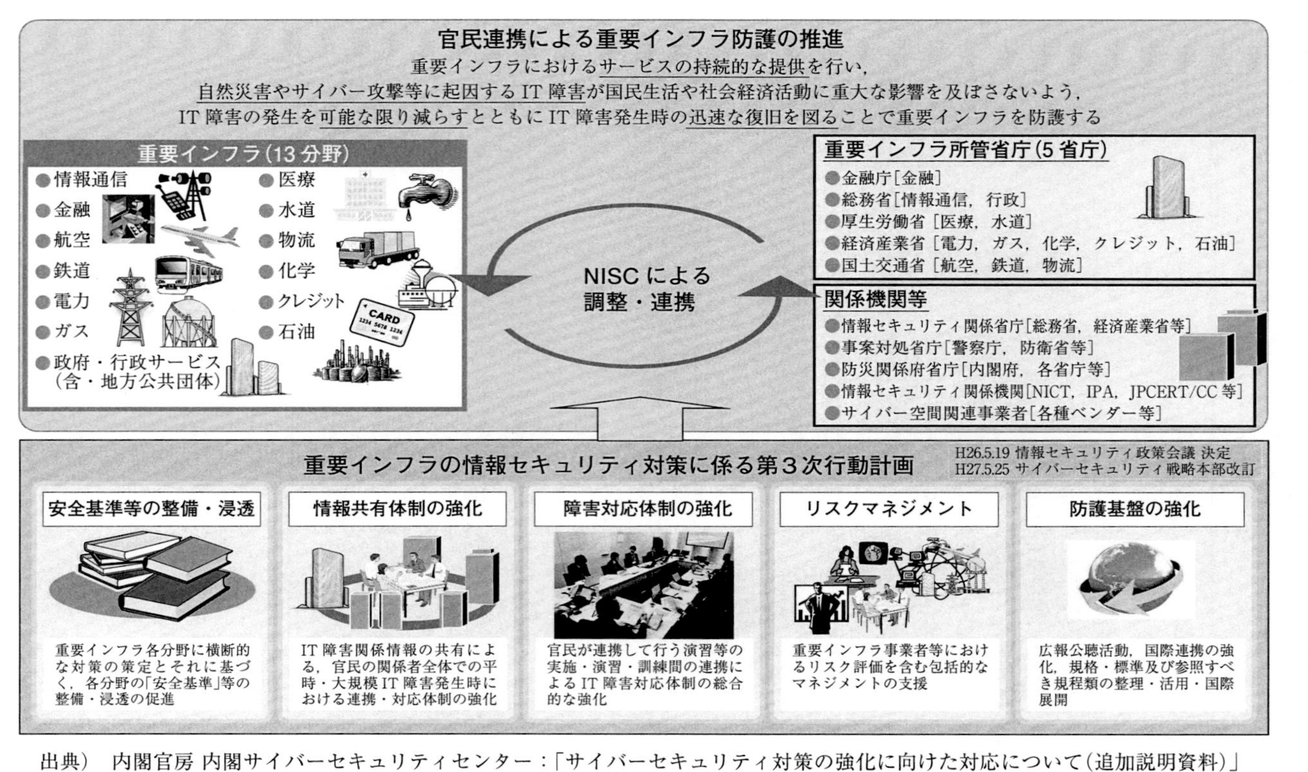

出典）　内閣官房 内閣サイバーセキュリティセンター：「サイバーセキュリティ対策の強化に向けた対応について(追加説明資料)」(2016年11月9日)，2016，p. 9.

図7.6　重要インフラの情報セキュリティ対策

7.4.1 国の各省庁におけるセキュリティガバナンス

社会インフラは国の省庁の許可・認可等を受けてその事業を行っている．このため，各省庁は所管する事業についてその特性に合ったサイバーセキュリティ対策を検討し，各事業者に適切な対応を求めている．特に市民生活に影響の大きい電気，ガス，鉄道，航空，水道施設などに関する対策は次のとおりである．

(1) 経済産業省によるサイバーセキュリティ対策

経済産業省は社会インフラのうち電気，ガスなどのエネルギー関連企業や産業制御システムを提供する企業に対する提言として，2012年6月，「制御システムセキュリティ検討タスクフォース報告書　中間とりまとめ」[12]のなかで，「重要インフラ等における制御システムユーザ，民間の制御システムベンダ等が，自らの責任として必要な対策を実施することを期待する」としている．

また，2016年6月，経済産業省は「我が国のインフラ・産業基盤・IoTソリューションの防護に向けた官民の取り組みについて」[10]の中で，社会インフラを標的としたサイバー攻撃に適切に対応するため次のような方策を発表した．

① 国とユーザー企業(エネルギーや自動車，素材などの基幹ユーザー産業)がサイバー攻撃のリスクについて共通認識をもつ．

② 対策が積極的に実装される制度を整備する．

③ 国とユーザー企業が共同して対策を行うための場の構築により，対策・技術・人材が生まれるという循環を形成していく．

また，基幹ユーザー産業などが参加する「産業系サイバーセキュリティ推進機構」(仮称)の構築についても提言しており，実際の制御システムの脆弱性検証・対策立案や攻撃情報の収集・研究などをこの機構が行うとしている．

さらにサイバーセキュリティの優れた知見をもつ海外機関(米国，イスラエルなど)との連携を積極的に進めるとしている．

(2)　国土交通省が求めるサイバーセキュリティ対策

国土交通省は社会インフラのうち3分野(鉄道，航空，物流)を所管しており，2016年3月サイバーセキュリティ戦略本部決定の「重要インフラの情報セキュリティ対策に係る第3次行動計画の見直しに向けたロードマップ」[13]に従って，重要インフラ事業者に対し，重点的な対策を求めている．そのなかで事業者に求めている主な対策は次のとおりである．

①　サイバー攻撃に対する体制強化
- 経営層における取組の強化の推進
- 情報共有の強化
- 内部統制の強化の推進

②　重要インフラに係る防護範囲の見直し
- 情報共有範囲の拡大
- 分野横断的な情報共有の強化

(3)　厚生労働省が求めるサイバーセキュリティ対策

厚生労働省が所管する社会インフラは水道施設であるが，2006年10月，「水道分野における情報セキュリティガイドライン」(2008年3月一部改訂)[14]を作成し，水道事業者に対し情報セキュリティ対策の充実を求めている．そのなかで，サイバーセキュリティに関する主な事項は次のとおりである．

①　影響が大きいシステム
- 浄水場の監視制御システム
- ポンプ場の運転システム
- 水運用システム

②　想定されるサイバー攻撃
- 不要データ送信(過負荷)
- データ流失，改ざん
- システム操作(プログラム改ざん)
- ウイルス，スパムメール

③　組織体制の構築

- 情報セキュリティ委員会，情報セキュリティ責任者の設置

④　自己点検・監査

⑤　具体的な対策

- セキュリティホール対策
- 不正プログラム対策
- サービス不能攻撃対策
- 外部回線接続対策

(4)　総務省による自治体情報セキュリティ対策

総務省は自治体における情報セキュリティを所管しているが，特にマイナンバー制度の導入に合わせ，2015年11月，「新たな自治体情報セキュリティ対策の抜本的強化に向けて～自治体情報セキュリティ対策検討チーム報告～」[15]のなかで，「インターネットのリスクへの対応」について次のような提言をしている．

①　安全性の確認

マイナンバー制度が施行されるまでに，庁内の住民基本台帳システムがインターネットを介して不特定の外部との通信を行うことができないようになっていることを確認することが望まれる．

②　システム全体の強靭性の向上

情報提供ネットワークシステムの稼働を見据え，機密性はもとより，可用性や完全性の確保も十分配慮された攻撃に強い内部ネットワーク等の構築を図ることが望まれる．

③　自治体情報セキュリティクラウドの検討

自治体における不正通信の監視機能の強化等への取組に際し，より高い水準のセキュリティ対策を講じるため，インターネット接続ポイントの集約化やセキュリティ監視の共同利用等(自治体情報セキュリティクラウド)の検討を進めるべき．

この提言のなかで特に注目すべき点は，自治体情報セキュリティクラウドで都道府県と市区町村が連携してインターネット接続口を集約化し，高度なセキュリティ対策を講じるとしていることである．

これが実現すれば，各自治体が個別に実施しているインターネット接続のためのセキュリティ対策を，クラウドに参加することでより強固で高度な対策を共同で実施することが可能となる．自治体におけるサイバーセキュリティ対策の有効な手段として，早期の実現が望まれるところである．

7.4.2　地方自治体におけるセキュリティガバナンス

社会インフラの運営主体の一つである地方自治体においては，都市交通(地下鉄，路面電車，モノレールなど)，清掃工場，水道・下水道施設を管理している．また，清掃工場ではごみ発電と呼ばれる焼却炉の熱を利用した発電を行っているほか，一部の地方自治体においては水力発電所を所有している事例がある．

地方自治体が運営主体となる社会インフラの制御システムについては，各省庁が示すサイバーセキュリティ対策を実施することになるが，各地方自治体の情報系システムのセキュリティ対策については総務省の指示による．

このため，社会インフラの制御システムについては事業の所管部門が独立して管理し，また情報系システムについては情報システム所管部門が管理し，各種システム間の接続やデータ連携については，国の統一的な指示はなく各自治体がそれぞれ独自の方針にもとづき対策を実施している状況である．

(1)　東京都におけるサイバーセキュリティ対策

東京都は他の道府県と異なり大都市行政を行う地方自治体として，本来市町村の業務である都市交通や水道施設など，表7.5のように数多くの社会インフラを運営している．特に，23区部においては人口が900万人を超えており，社会インフラの機能停止による影響が甚大なものとなることから，サイバーセキュリティ対策に積極的に取り組んでいる．

表 7.5　東京都および東京都関連団体が運営する主な社会インフラ

区　分	事業主体	概　要
都営地下鉄[18]	東京都交通局	浅草線，三田線，新宿線，大江戸線の 4 路線　約 109 km
上野動物園モノレール[18]	東京都交通局	上野動物園内に設置した鉄道事業法にもとづく交通機関
日暮里・舎人ライナー[18]	東京都交通局	日暮里～見沼代親水公園間　約 10 km
都電荒川線[18]	東京都交通局	三ノ輪橋～早稲田間　約 12 km
新交通ゆりかもめ[19]	㈱ゆりかもめ	新橋～豊洲間　約 15 km
多摩モノレール[20]	多摩都市モノレール㈱	上北台～多摩センター間　約 16 km
水道施設[21]	東京都水道局	東京 23 区および多摩地区 26 市町に給水 給水人口　1,317 万人(2015 年 10 月時点)
多摩川第一発電所[18] 多摩川第三発電所[18] 白丸発電所[18]	東京都交通局	多摩川の流水を利用した水力発電所 最大出力　36,500 kw

注)　東京都内における清掃工場の管理・運営は，各区市町村または一部事務組合が行っている．

東京都は 2015 年 10 月，「東京都サイバーセキュリティ委員会」を設置した．東京都では「東京都サイバーセキュリティ基本方針」[16]を策定しており，そのうち情報セキュリティ対策については**表 7.6** のようなものである．

さらに東京都は 2016 年 4 月，「東京都 CSIRT (Computer Security Incident Response Team)」4)を設置するとともに，サイバーセキュリティを担当する課長級の専門職員を採用し，「東京都サイバーセキュリティ委員会」および「東京都 CSIRT」の運営に関する業務を担当させることとした．

(2)　地下鉄における制御システム[18]

東京都交通局の都営地下鉄 4 路線の運行管理システムは路線ごとに独立していたが，2014 年 2 月，運行管理システムを中央集中制御方式に変更し，**図 7.7**

4)　CSIRT：コンピュータへの攻撃や脅威に対処する組織体の略称．セキュリティに対する脅威発生時の対処，情報収集や対応訓練，人材育成などを行う[17]．

表7.6　東京都におけるサイバーセキュリティ対策の概要

① 組織体制
東京都サイバーセキュリティ委員会及び情報セキュリティ活動を統括する組織の設置
② 情報資産の分類と管理
情報資産を機密性，完全性及び可用性に応じて分類し，分類に基づき情報資産の管理及び取扱い方法等について具体的に定める
③ 物理的セキュリティ
サーバ，情報システム室，通信回線等及びパソコン等の情報処理機器類の管理について，物理的対策を講じる
④ 人的セキュリティ
職員等が遵守すべき事項を明確かつ具体的に定める
標的型攻撃を想定した訓練等を行う
⑤ 技術的セキュリティ
コンピュータ等の管理，アクセス制御，不正プログラム対策，標的型攻撃やサービス不能攻撃などのサイバー攻撃を含む不正アクセスへの対策等の技術的対策を講じる
⑥ サイバーセキュリティポリシーの運用
情報システムの監視，サイバーセキュリティポリシーの遵守状況の確認，外部委託等を行う際のセキュリティ確保等
情報資産への侵害が発生した場合等に迅速かつ適切に対応するため，緊急時対応体制を整備する

出典）東京都総務局：「東京都サイバーセキュリティ基本方針」を筆者が要約.
http://www.soumu.metro.tokyo.jp/04_kihonhousin.pdf(2016年12月12日確認)

の総合指令所に集約した．このシステムでは中央装置と駅装置をすべて二重系構成(ホットスタンバイ)とし，総合指令所内の中央LANと路線内に設置した独自の光伝送ネットワークで構成し，外部ネットワークの接続を排除している．

(3) 清掃工場における制御システム

東京23区内の清掃工場における制御システムは，工場ごとに個別に設計・

写真提供）東京都交通局.

図 7.7　都営地下鉄総合指令所

構築されている．**図 7.8** のように燃焼設備，発電設備，排ガス処理設備，排水処理設備などの各設備とこれを統合して制御する DCS(Distributed Control System：分散制御システム)によって構成されている．**図 7.9** の中央制御室で集中管理を行うため，各種の設備は清掃工場内の LAN に接続しており，基本的には外部ネットワークへの接続は行っていない．

しかしながら，IoT 機器の活用や情報提供の推進，さらにビッグデータの活用などによって外部ネットワークとの接続が避けられない状況となっている．

(4)　水道施設における制御システム[21]

東京都内の 23 区および 26 市町に給水している東京都水道局では，貯水池から配水管までの総合的な水運用を行うため，水運用センターを設置している．ここでは，**図 7.10** のように都内各所に設置した流量計，圧力計などの各種情報をコンピュータで集中管理し浄水場への運転指令や給水所の遠隔制御などを行っている．

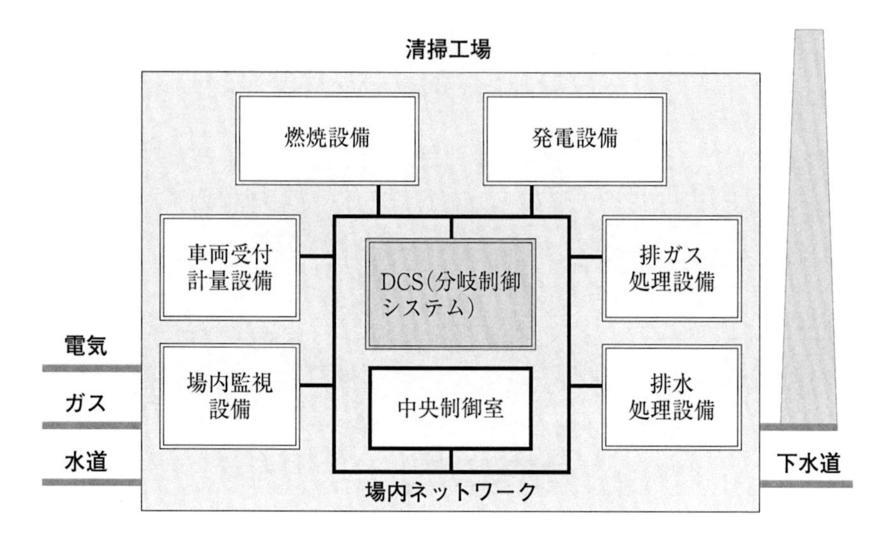

図 7.8　清掃工場の制御システム概念図

写真提供）　東京二十三区清掃一部事務組合.

図 7.9　清掃工場の中央制御室

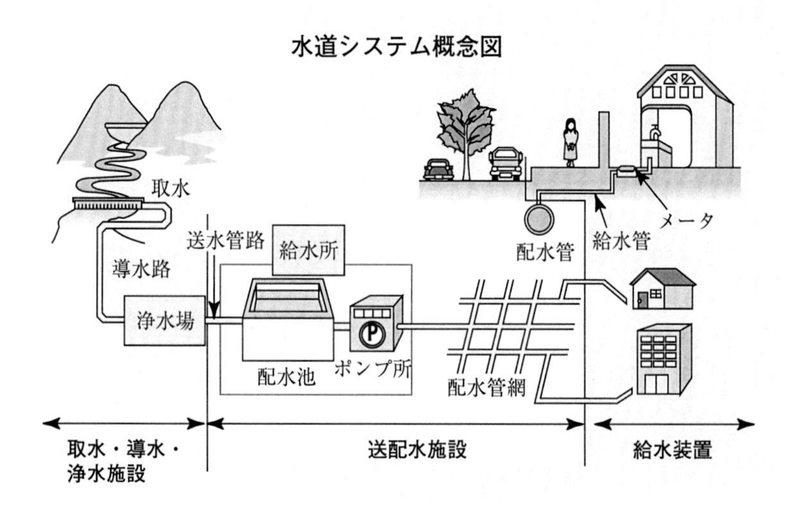

出典）　東京都水道局サービス推進部サービス推進課：「東京の水道」，2016，p. 26.

図 7.10　水道システム概念図

東京都水道局では，情報系システム，業務系システム，制御系システムを完全に独立させ，外部からの侵入を防護する対策を実施している．

7.5　社会インフラにおけるサイバー防衛

国の「サイバーセキュリティ戦略」(2013 年 6 月，情報セキュリティ政策会議決定)[22]によれば，社会インフラに対する脅威の顕在化に伴うリスクの甚大化，拡散化について具体的な指摘をしている．例えば，社会インフラが常時ネットワークに接続されるリスク，IoT の進化に伴うサイバー攻撃の対象機器の増加によるリスク，制御系システムへの新たな攻撃のリスクなどである．

2014 年 1 月，経済産業省の「制御システムのサイバーセキュリティに関する我が国の取組み」[23]によれば，**表 7.7** のようにわが国の制御システムにおける脅威について具体的な事例を紹介しており，これを参考に具体的な対策が必要である．

表7.7　制御システムにおけるサイバー攻撃の脅威

区　分	発生状況等
USBメモリ	• USBメモリからのウイルス感染事例は頻繁に発生している • 制御システムではUSBメモリデバイス装着数が膨大であり，なくすことは不可能
リモートメンテナンス	• 某社は米国の中央監視室からリモートメンテナンス回線により施設をリアルタイム監視 • リモートメンテナンス回線の先の端末からの不正アクセス・マルウェア混入
操作端末の入れ替え	• 製造工場において，ベンダーが入れ替えた端末にウイルスが混入していた事例あり • 操作端末は，Windows等汎用パソコンであることが一般的
その他	• 内部犯行者は物理的セキュリティをすり抜ける • スイッチに直接PCを接続すると，不正パケット送信や盗聴可能 • 工業用無線LANからの侵入 • PCのIDやパスワードは共通化，壁に張出し

出典)　経済産業省 商務情報政策局 情報セキュリティ政策室：「制御システムのサイバーセキュリティに関する我が国の取組み」(平成26年1月15日)，2014，p. 17. http://www.css-center.or.jp/sympo/2014/documents/sympo20140115_02_meti_uemura.pdf

7.5.1　制御システムにおけるサイバー防衛

これまで紹介してきた地方自治体が管理・運営する社会インフラ(都市交通，清掃工場，水道施設)の制御システムのほとんどは，外部ネットワークへの接続を行わず，独立したネットワークで運用している．しかしながら，社会インフラは常にサイバー攻撃の対象とされており，新たな手法による攻撃に対処するため，あらゆる対応策によってサイバー防衛を行うことが運営主体の責務である．

(1)　電力分野における先進的な取組み事例

社会インフラのなかでも電力，鉄道事業に対するサイバー攻撃は，市民生活だけでなく国家機能や経済活動など広範に多大な影響を及ぼす可能性がある．

このため，これらの分野においてはサイバー防衛のための情報セキュリティ技術を最大限活用した研究や取組みが行われている．

特に電力分野においては，制御システムの安全確保に向けた次のような先進的な取組みが行われている[24]．

① セキュリティコンセプト

制御システム開発時における十分なセキュリティ設計に加えて，検知防御機能を実装し，運用段階におけるサイバー攻撃に対する体制を構築する．

② セキュリティマップの導入

システム全体をゾーンに分割し，制御面からリスク分析した「制御セキュリティ」と，システム機器への物理的なフィジカル攻撃とネットワークなど情報機器へのサイバー攻撃を合わせた「システムセキュリティ」の両面からリスク分析を行い，ゾーンごとに影響度合いを評価した「セキュリティマップ」を作成する．

③ 外部ネットワーク接続対策

これまで接続点で実施しているファイアウォールによる不正侵入対策に加え，IDS（Intrusion Ditection System：不正侵入検知装置）やホワイトリスト制御[5)]などのセキュリティ対策強化を行う．

④ フィジカルセキュリティ

直接的な不安全行為の防止および重要設備および監視・制御設備への物理的アクセスの統制（不要なメディア・デバイスの持ち込み禁止など）を実施する．

5) ホワイトリスト制御：制御システム内にある特定用途の端末を対象にしたセキュリティ対策．あらかじめ登録したアプリケーションのみ実行を許可し，不正プログラムの実行を防止する．USB メモリーなど外部記憶媒体を端末に接続した際に USB メモリー内のプログラムを自動実行する Autorun 機能を停止するなどの不正プログラム実行防止対策が可能なセキュリティ対策ソフトがある[25]．

(2)　制御システムに係るセキュリティ標準・基準の導入

産業用制御システム向けのセキュリティマネジメントとして，「IEC 62443」がある．このセキュリティ標準の対象は，システムのコンポーネントを製造する「装置ベンダー」，それらを組み合わせてシステムを構築する「インテグレータ」(構築事業者)，そのシステムを利用して事業を行う「事業者」である[26]．

図 7.11 のように，システム全体のうち社会インフラの事業主体である「事業者」が対象となる部分は，外部ネットワークとの接続部分などごく一部であることから，「事業者」は外部ネットワークからの侵入対策の充実を図ることが重要である．

また，このセキュリティ標準のうち，「IEC 62443-2-1」は制御システム向けのサイバーセキュリティマネジメントシステム(Cyber Security Management System：CSMS)となっていることから，設計書や発注時の特記仕様書などにおいて受注要件として検討する必要がある．

(3)　制御システムに関するセキュリティ教育

経済産業省の「制御システムセキュリティ検討タスクフォース報告書 中間まとめ」[12]のなかで，制御システム独自の教育プログラムについて述べている．これは，制御システムの特性として，日常的に安全で安定的な稼働が求められており，安全対策とセキュリティ対策の両面からのアプローチが必要だからである．

また，制御システムの設計・構築・運用・保守に従事する者などに対する教育プログラムも紹介されているが，そのなかでも社会インフラの事業主体である「事業者」を対象とした教育プログラムは，次のようなものである．

①　「運転員：オペレーター」向けトレーニング

　プラントや設備の運転監視および装置や設備を直接操作する者が対象で，機器の異常などのトラブル発生時に，故障や誤操作に加えサイバー攻撃の可能性にまで配慮するためのトレーニング

②　「経営者・管理者」向けトレーニング

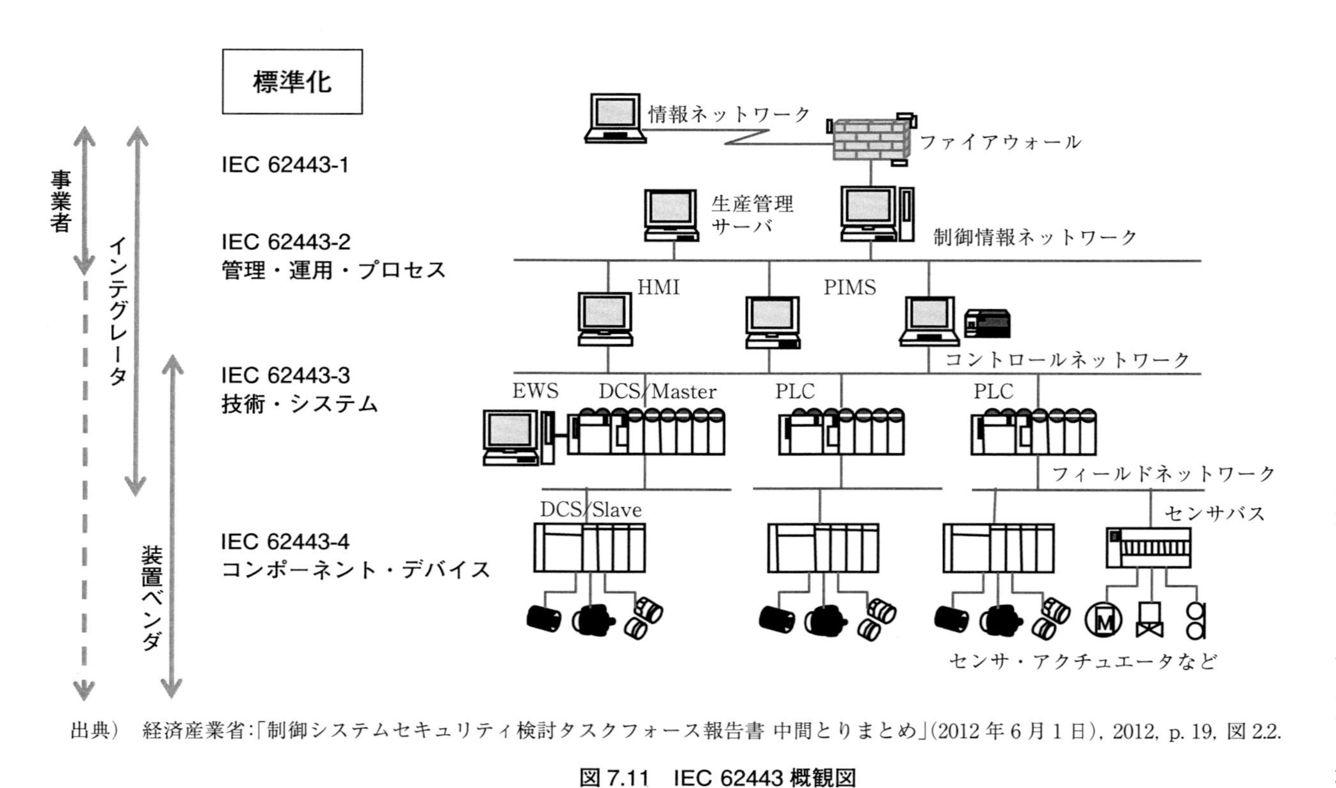

出典） 経済産業省:「制御システムセキュリティ検討タスクフォース報告書 中間とりまとめ」(2012年6月1日), 2012, p. 19, 図 2.2.

図 7.11 IEC 62443 概観図

経営者および施設・設備の管理者を対象として，安全で安定的な稼働のためにもセキュリティ強化が必要であることを認識してもらうためのトレーニング

このようなトレーニングを実施し，日頃からサイバー攻撃に対する備えを充実することが重要である．また，あわせてサイバー攻撃が発生した場合の対応マニュアルの作成や非常事態発生時の対応訓練を実施することが求められる．特に「運転員：オペレーター」に対するトレーニングでは，サイバー攻撃が発生した場合に発生する現象などを再現できる学習環境を構築し，擬似体験によって訓練を行うことが有効である．

参考文献

［1］　日刊建設工業新聞：「東京都水道局ら3者／五輪選手村でスマートメーター化モデル事業／国内初の共同検針」,『日刊建設工業新聞』，2016年2月12日号，4面，2016.
http://www.decn.co.jp/?p=60810
［2］　総務省：『平成24年版 情報通信白書』，2012.
［3］　日立造船株式会社：「杉並清掃工場ビッグデータ解析による最適運転管理システム開発を開始」(2016年10月20日)，2016.
https://www.hitachizosen.co.jp/news/2016/10/002352.html
［4］　資源エネルギー庁：「電力分野におけるサイバーセキュリティ対策について」(平成28年7月1日)，2016.
http://www.meti.go.jp/committee/sougouenergy/denryoku_gas/kihonseisaku/pdf/007_06_00.pdf
［5］　マカフィー株式会社：「さらに強力になったトロイの木馬 BlackEnergy ～ウクライナの電力システムへのサイバー攻撃の裏側～」(2016年1月22日)，2016.
http://blogs.mcafee.jp/mcafeeblog/2016/01/blackenergy-cb6d.html
［6］　日本経済新聞 電子版：「米で大規模サイバー攻撃　ツイッターやアマゾン被害」，2016年10月22日.
http://www.nikkei.com/article/DGXLASGM22H1P_S6A021C1MM0000/
［7］　YOMIURI ONLINE：「「IoT 乗っ取り」攻撃でツイッターなどがダウン」，2016年10月28日.

http://www.yomiuri.co.jp/science/goshinjyutsu/20161028-OYT8T50051.html
[8] 産経ニュース：「地下送電ケーブル火災は接続部で漏電，パイプ破裂により出火か　東電が経産省に報告」，2016年11月10日.
http://www.sankei.com/affairs/news/161110/afr1611100012-n1.html
[9] 日本経済新聞 電子版：「山手線全車両，20年にも新型に　7日に営業運転再開」，2016年3月4日.
http://www.nikkei.com/article/DGXLASDZ04I3B_U6A300C1TI1000/
[10] 経済産業省：「我が国のインフラ・産業基盤・IoTソリューションの防護に向けた官民の取組について」(2016年6月)，2016.
http://www.nisc.go.jp/conference/cs/ciip/dai07/pdf/07shiryou0603.pdf
[11] 内閣サイバーセキュリティセンターホームページ
http://www.nisc.go.jp/(2016年12月12日確認).
[12] 経済産業省：「制御システムセキュリティ検討タスクフォース報告書中間とりまとめ」(2012年6月1日)，2012.
http://www.meti.go.jp/committee/kenkyukai/shoujo/controlsystem_security/pdf/report01_02_00.pdf
[13] サイバーセキュリティ戦略本部：「重要インフラの情報セキュリティ対策に係る第3次行動計画の見直しに向けたロードマップ」(2016年3月31日)，2016.
http://www.nisc.go.jp/conference/cs/ciip/dai07/pdf/07sankoushiryou03.pdf
[14] 厚生労働省：「水道分野における情報セキュリティガイドライン(改訂版)」(2008年3月)，2008.
http://www.mhlw.go.jp/topics/bukyoku/kenkou/suido/houkoku/dl/guideline.pdf
[15] 総務省：「新たな自治体情報セキュリティ対策の抜本的強化に向けて～自治体情報セキュリティ対策検討チーム報告～」(2015年11月24日)，2015.
http://www.soumu.go.jp/main_content/000387560.pdf
[16] 東京都総務局：「東京都サイバーセキュリティ基本方針」(2015年10月)，2015.
http://www.soumu.metro.tokyo.jp/02gyokaku/pdf/security/151027policy.pdf
[17] 日本シーサート協議会ホームページ
http://www.nca.gr.jp/(2016年12月12日確認)
[18] 東京都交通局ホームページ
http://www.kotsu.metro.tokyo.jp/(2016年12月12日確認)
[19] ゆりかもめホームページ
http://www.yurikamome.co.jp/(2016年12月12日確認)

[20]　多摩都市モノレールホームページ
http://www.tama-monorail.co.jp/(2016年12月12日確認)
[21]　東京都水道局ホームページ
https://www.waterworks.metro.tokyo.jp/(2016年12月12日確認)
[22]　情報セキュリティ政策会議：「サイバーセキュリティ戦略」(平成25年6月10日)，2013.
http://www.nisc.go.jp/active/kihon/pdf/cyber-security-senryaku-set.pdf
[23]　経済産業省 商務情報政策局 情報セキュリティ政策室：「制御システムのサイバーセキュリティに関する我が国の取組み」(平成26年1月15日)，2014.
http://www.css-center.or.jp/sympo/2014/documents/sympo20140115_02_meti_uemura.pdf
[24]　村上正博・花見英樹・今野博充・岡本竜一・石場光朗：「日立が考える電力制御システムセキュリティ」，『日立評論』，2016年6月号，2016.
http://www.hitachihyoron.com/jp/pdf/2016/06/2016_06_01_01.pdf
[25]　トレンドマイクロ：「制御システム向けホワイトリスト型セキュリティ対策ソフト」(2012年11月19日)，2012.
http://www.trendmicro.co.jp/jp/about-us/press-releases/articles/20130826061925.html
[26]　技術研究組合制御システムセキュリティセンター：「IEC 62443の概要と認証について」(2013年11月20日)，2013.
http://www.css-center.or.jp/ja/info/documents/2013/20131120_ET2013.pdf
[27]　独立行政法人情報処理機構：「制御システムにおけるセキュリティマネジメントシステムの構築に向けて」.
https://www.ipa.go.jp/files/000014265.pdf(2016年12月12日確認)

第8章

医療 IT および IoT と安全

永井庸次

8.1　医療の特徴

医療をサービスと捉えるならば，一般産業界と異なる点はない．しかし，医療は一般の製造業と大きく異なる点がある．安全の観点からいえば，医療とはそもそもヒトに損傷を加える侵襲的なものである．最初から安全なものではない．また，患者は多様で要求も拡大している一方，医療に関する知識や患者から得られる情報は不完全であることが圧倒的に多い．そのような不完全・不足した知識・情報をいかに収集し，得られた医療固有の技術（要素技術）に社会一般でも通用する管理技術を補填し，管理・改善のサイクルを回し，危害を発生しないようにすることが医療の安全管理である[1]．そのために IT（Information Technology）と IoT（Internet of Things）を活用することが重要である．

医療は科学であるといわれているが，未知の領域も多数あり，完全には解明できていない．高度に複雑で予測できない事象も多く発生している．しかし，複雑といっても，その過程が複雑に込みいっているだけで，筋道を立てきちんとたどっていくと目標に到達できることも多い．医療は不確実で，業務の変更・中断も多い．このような複雑な業務に従事する医療職は，医師，看護師，薬剤師などを含め，多職種で協働しなければ現在の医療を実践できない．しかし，変更，不連続な業務も多いうえに，職員の異動も多く，勤務もシフト制が敷かれており，職場も不特定という特徴がある．各医療職は自立した専門家集団であるが，技術を混合しながら強固にお互いに関連・依存しながら業務を行う必要がある．現在，医療の進歩，特に各専門家の要素技術の進歩は目覚しいものがある一方で，要素技術の進歩に管理技術がついていけていないという，両要素のアンバランスが課題となっている[2]．医療技術の複雑性はもちろん，多職種協働でチーム医療を実施していくことが要求される時代では，必然的にITの利用が前提となる．個別化医療，詳細・精密医療が重視される時代では，IoTの医療活用が重要になってきている[3]．特に電子カルテと医療デバイスの活用が重要である．

医療安全の観点では，医療は過誤に極端に脆弱という特徴がある一方，社会への影響性が大きく，後知恵バイアスの解消が難しいことを含めて，過誤の原因究明も非常に難しい．また，透明性を維持しながら説明責任を果たしていくためには，データの収集・分析基盤が重要であるが，データのデジタル化を含めて，医療界では課題も多い．

8.2　医療におけるデジタル化

わが国の医療におけるデジタル化は，主にレセプトコンピュータというレセプト(診療報酬明細書)を作成するコンピュータの導入から始まった．その後徐々に電子カルテの導入が始まった(図8.1)．300床以上の大病院では導入率は80％以上である．しかし，中小の病院は30％前後であり，図にはないが，19床以下の有床診療所での導入率はさらに低い．このようにわが国の電子カルテ導入率には病院間格差とともに病診間格差がある．しかし，厚生労働省の報告では，レセプトに関する電子請求率は90％を超えており，レセプトデータのデジタル化は大きく進んでいる(図8.2)．また，全国約8,000病院のうち，DPC(Diagnosis Procedure Combination：診断群分類包括評価)対象病院

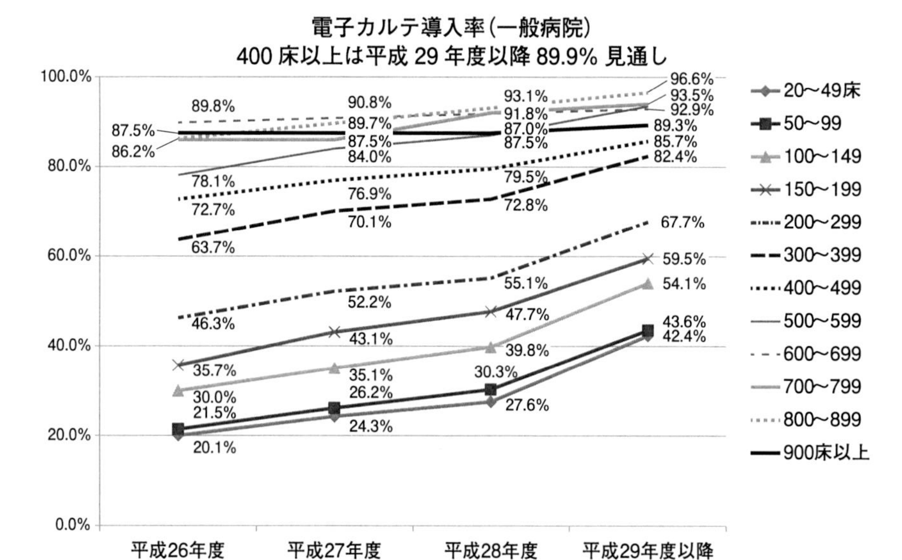

出典）　九州医事研究会：「日本の電子カルテ導入率」，2016.

図 8.1　わが国の電子カルテ導入病院比率[4]

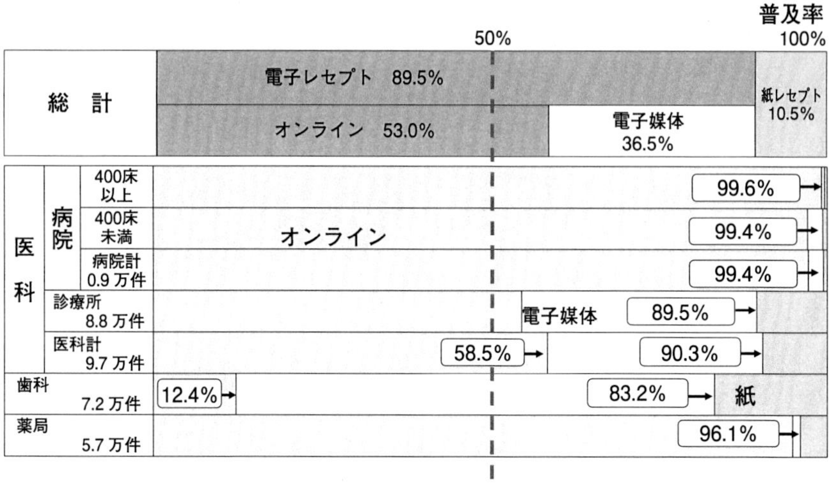

普及率
50%
100%
総　計
電子レセプト　89.5%
オンライン　53.0%
電子媒体
36.5%
紙レセプト
10.5%
医科
病院
400床以上　99.6%
400床未満　99.4%
病院計 0.9 万件　99.4%
オンライン
診療所 8.8 万件　電子媒体　89.5%
医科計 9.7 万件　58.5%　90.3%
歯科 7.2 万件　12.4%　83.2%　紙
薬局 5.7 万件　96.1%

出典）　厚生労働省：「電子レセプト請求の電子化普及状況等（平成 27 年 4 月診療分）について」(2015 年 9 月 30 日).

図 8.2　電子レセプト請求普及状況(施設数ベース)[5]

表8.1　世界の電子カルテ導入率と米国電子カルテベンダーシェア率[6]

順位	ベンダー名	シェア率
1	Epic	12.4%
2	eClinicalWorks LLC	10.3%
3	Allscripts	8.2%
4	Practice Fusion	6.5%
5	NextGen Healthcare	5.4%
6	Cerner Corporation	4.1%
7	athenahealth, Inc	3.7%
8	GE Healthcare	3.5%
9	Greenway Health	3.5%
10	McKesson	3.1%
11	AmazingCharts.com, Inc.	2.1%
12	MEDITECH	1.9%
13	e-MDs, Inc.	1.7%
14	Care360, Quest Diagnostics	1.5%
15	Office Ally	1.1%
16	MEDENT-Community Computer Service Inc.	1.1%
17	NexTech Systems Inc.	0.9%
18	Aprima Medical Software, Inc	0.9%
19	ADP	0.9%
20	TRAKnet Solutions	0.9%
21	All Other Vendors(466)	26.5%
	TOTAL	100%

電子カルテ導入率（2012年-2009比較調査）

順位	国	年	導入率	増減
1位	ノルウェー	2012年	98％（2009年97％）	1％増
1位	オランダ	2012年	98％（2009年99％）	1％減
3位	英国	2012年	97％（2009年96％）	1％増
3位	ニュージーランド	2012年	97％（2009年97％）	増減0％
5位	オーストラリア	2012年	92％（2009年95％）	3％減
6位	ドイツ	2012年	82％（2009年72％）	10％増
7位	米国	2012年	69％（2009年46％）	23％増
8位	フランス	2012年	67％（2009年68％）	1％減
9位	カナダ	2012年	56％（2009年37％）	19％増
10位	スイス	2012年	41％（2009年未調査）	
	日本	2011年	22％（2008年14％）	8％増

は1,600程度で約20％であり，病床数では，全国89万床中48万床と約50％を占めている．DPCデータはデジタル化されており，このDPCデータとレセプト情報・特定健診等情報データベース（National Data Base：NDB）を突合して，医療の妥当性，効率化を検討できる時代になった[5]．

米国では“Meaningful Use”（有意義な利用）におけるインセンティブ付与により，電子カルテ導入病院が飛躍的に伸びており，各電子カルテベンダーのシェア率は表8.1のとおりであるが，相互運用性に課題が残っている．

8.3 電子カルテ導入の課題

電子カルテの導入にあたっては，周到な準備が必要である．米国はSAFER（Safety Assurance Factors for EHR Resilience）を開発し，導入病院を支援している．SAFERとは米国で電子カルテ関連調査を政府から請け負っているECRI（Emergency Care Research Institute）の患者安全機構が2014年に出版した電子カルテ自己チェックリストである[7]．チェックリストの主要概念は，次のとおりである．

① 安全な電子カルテの仕組みを構築する．

② 電子カルテを安全に運用する．

③ 電子カルテを安全に運用していることをモニタリングする．

各チェックリスト項目は，次のように分かれている．

① 高い優先度の医療実践

② 組織の責任

③ 緊急時対策

④ システム構成

⑤ システムインタフェース

⑥ 患者特定

⑦ 判断支援を伴ったオーダーエントリ

⑧ 検査結果報告と追跡

⑨ 医師のコミュニケーション

この9項目が先の3項目のドメインに分けられ，その回答は全区域で十分行われている，部分的に行われている，まったく行われていない，の3区分に分けられている．

例として，組織の責任の項目を詳細に述べる．本項目は，次の5つに細分化される．

① 判断決定活動を定義し，電子カルテの安全を保証する．

② 電子カルテの質とデータの質を最大化し，電子カルテの安全を保証する．

③ 電子カルテの安全使用を確実にし，電子カルテの安全リスクを防ぐ．

④ 電子カルテ情報の可用性を確実にし，電子カルテの安全リスクを防ぐ．

⑤ 電子カルテの安全努力に関する組織的学習を支援し，電子カルテの安全リスクを防ぐ．

この細分化された項目ごとにチェック項目がある．①では院長が電子カルテの安全と安全使用を織り込む安全文化促進を宣言している，②では職員が電子カルテのハード，ソフト，ネットワークのパフォーマンスと安全性を定期的にモニターしている，③では電子カルテ使用者のニーズに十分合致し，容易に利用できるような訓練支援がある，④では電子カルテのハード，ソフト，判断支援，ネットワークに問題を生じたとき，使用者はタイムリーな支援を保証されている，⑤では電子カルテ使用者は電子カルテの変更時に迅速，確実に学習でき，安全性に関する懸念をフィードバックできる情報交換の仕組みがある，などである．

システムインタフェースの項の安全な医療 IT の構築の項では，電子カルテは他のシステムとデータ交換できる標準プロトコルに対応している，システム間インタフェースが適切に構成され，コード化/フリーテキスト双方のデータが内容の消失・変更なしに配信される．医療 IT の安全使用の項では，使用者にシステムインタフェースの運用状態(メッセージ，アラート，重大情報の配信・受信の有無など)を明示している，医師が情報を適切に解釈できるように単位や情報源などを配信できる．安全をモニタリングする項では，エラーログと処理量以外にも，システムインタフェースのパフォーマンスと使用量を定期的にモニタリングする，などである．

検査結果報告と追跡の項の安全な医療ITの構築の項では，主に放射線や病理の検査結果報告は，テキストベースになっている，正常・異常などの解釈がコード化されている．医療ITを安全に使用する項では，電子カルテで全オーダーと関連処理(検体受理，検体収集，検査終了，報告，通知終了など)の状態を追跡できる，オーダー医師は全オーダーと検査報告を見ることができ，追跡責任がある他の医師にもそれを特定できる，検査の変更・修正時にはオーダー医師，他の追跡責任医師ともに電子カルテ上で通報され，臨床的に重要な場合には医師に直接連絡が行く．安全をモニタリングする項では，医療の質保証活動として検査結果報告と追跡に関連する行動をモニタリングしている，医師が検査結果検証に電子カルテを使用したか，異常結果を追跡したかモニタリングしている，などである．以上は，SAFERのチェック項目の一部を紹介したものであるが，これらの項目を参考にして，わが国の電子カルテもさらに安全性が高まることをのぞむ．

8.4　電子カルテによる不具合事例

米国では電子カルテ導入に伴う不具合事例報告が散見されている．米国医学研究所(Institute of Medicine：IOM)は2012年に「医療ITと安全」という報告書を公表した[8]．1999年公表の医療のキアズマシリーズの一つである．電子カルテ導入によって，電子カルテそのものが本来有している安全に対する脆弱性とともに，電子カルテの運用面での問題も生じてきている[9]．

IOMの報告書では，医療ITとは電子カルテ(Electronic Health Record：EHR)のほかに，個人健康記録(Personal Health Record：PHR)，健康情報交換を含めている．一方，医療IoTの時代にサイバーセキュリティ，サイバー攻撃として問題となる埋込型除細動器ソフトウェアなど医療デバイス関連ソフトウェアを除外している．電子カルテは，レセプトという診療報酬請求業務から始まっているが，データ保管以外に，情報分析から判断支援，学習，患者参画や患者とのコミュニケーション支援など，幅広く医療の質向上に寄与している．しかし，医療過誤の減少にどこまで貢献しているか，意見が分かれる[8][10]．2009年米国では回復・再投資法の一部である「経済と臨床医療のための医療情報技術法(Health Information Technology for Economic and Clinical Health Act：HITECH法)」が施行され，電子カルテの有意義な使用を支援・促進し，2014年までに電子カルテを利用できるようにすることが病院に義務づけられた[8]．その結果，米国での電子カルテ導入率はそのインセンティブも相まって飛躍的に増加している[6]．

医療ITはコンピュータ，ソフトウェア，機器という技術システムで構成される．この社会技術システムはヒト，プロセス，業務フローを含み，一緒に作動しているソフトウェアとハードウエアの集合体でもある．よって，設計ミスを内在化したまま医療ITを導入すると，障害を生じたり，潜在的なリスクが顕在化したりする．コンピュータ化で業務が改善するといわれたが，逆に医師にとって余計に時間と手間がかかっている．重要なデータをデジタル化したために直感的な可視化ができなくなる，インタフェースが少ないのでモニターディスプレイの構造化が必要であり，その構造化が表示されなければその画面に行きつけない，多数の画面をチェックしなければ必要な情報が見つからない，パラメータが多くて一部の変化に気がつかない，多忙時にインタフェース操作を強要する，必然的にダブルチェックしないで入力する，コンピュータによる業務負荷で注意散漫になる，情報過多で本質が見えにくくなる，コンピュータの自動的なアラートで集中力障害や混乱が生じるなどの障害が見られている[8]．一般的に自動化はやりやすいところから自動化され，やり難いところは残されて最後までヒトの手で実施することになり，結局，危険なところが残り，業務の解決策にはならない[11]．自動化の弊害・皮肉である．

医療ITに起因する障害には，薬剤投与量間違い，致死的疾患の誤診・過誤，ヒトとコンピュータとの相互作用上の間違い，データ喪失による治癒遅延なども報告されている[8]．計画段階の失敗と執行段階の失敗に分けられる[12]

が，ヒューマンエラーにどう対応するかという問題もある．

現状の問題点として，オーダーリングシステム(オーダーエントリシステム)について述べる．オーダーリングシステムとは指示(薬剤処方，検査(検体，生理，放射線)，処置・治療)の記録と保管などを実施する電子カルテ内の仕組みである．紙では読みにくかった医師の指示が読みやすくなり，指示も電子的に移行するので時間短縮となり，薬剤相互作用や薬用量のアラートが出るため，薬剤関連過誤が減少する利点がある．よくあるオーダーリング上の過誤事例として，指示が実行されない(未実行)，表示スペースで全部の薬剤を見ることができないことによる薬剤間違い，重複投与，矛盾する指示などがある．しかし，いずれも業務フローに沿った業務であり，医療では日常的である薬剤・処置などの変更業務をオーダーリング上で円滑かつ安全にできることは，医療安全には重要である．薬剤相互作用などをチェックして，アラートを発信するのは判断支援システムであり，このシステムの円滑な運用が必須である．

この判断支援システムでは，薬剤の過剰投与などに対しアラートなどが発信されるので，過誤の是正が可能になり，過誤発生率は減少する．このアラート(警告)はポップアップ，音，点滅などで示されるが，適切にアラートに対応できるか否かは，業務への影響に依存する．適切に導入すると，業務に影響せずに安全性向上に資する．不適切な導入では，業務に影響し，警告疲労を惹起し，作業回避，不遵守を起こす．全警告の 10 %は認識されず，7 %は適切に対応されていないという報告もある[8]．このような警告疲労対策としては階層化した警告構造の作成が必要である．しかし，判断支援システムは設計，導入，活用方法，利用状況などが医療機関ごとで異なることから，その感度，特異度も当然病院ごとで異なる．質向上につながるという報告がある一方で，つながらないという報告があることは，このような理由によるものと思われる．この判断支援システムは潜在的な診断や治療の支援，さらに潜在的な過誤の警告も可能であるが，わが国の電子カルテでは十分有効に機能していないことも多い．

8.5　電子カルテの活用

8.5.1　データウェアハウスの構築

データを集合して意味あるものにしたものが情報である．病院情報の問題点は，データは山ほどあるが意味のある情報は少なく，縦社会で他職種のことはわからない，情報が分散・分断されている，データ・情報が不完全である，データ・情報を収集する組織横断的な部署がない，データ収集・管理する教育・訓練がされていない，情報の周知徹底ができていない，臨床指標などの設定が不十分で管理(PDCA)サイクルが回っていないなどである．データを情報に加工して行動に移すことができるようにするには，データウェアハウスとその管理を行う部署の設置が必須である．

近年，改正された医療法や診療報酬上からも各種の安全管理体制が要求されている．安全管理，医薬品管理，医療機器管理，感染管理は，専従担当者を設置し管理サイクルを回す必要がある．特に医療機器に関しては薬機法の改正に伴い，今一度院内体制を検証する必要がある．2015 年 10 月施行の医療事故調査制度も今後の医療安全には大きな課題である．これらの医療安全全般に関する基礎となるものが，データのデジタル化を含めた電子カルテとそれを活用するデータ管理体制の構築である．各病院のデータ管理が可能になって，初めて院内・院外のベンチマークができ，医療のビックデータ，IoT につながる．医療 IT と安全，医療 IoT と安全にはデータ管理が重要である．

図 8.3 は某病院のデータ管理センターの概要である．医師，看護師，薬剤師，診療情報管理士，医事，経理，医療クラークなど 15 名多職種で構成されている．可能な限り，職制上も専従者で，各種ツールを使い，多角的・多方面にデータ収集と分析を行い，病院方針に沿った臨床指標と日常的な臨床指標を構築・チェックしている．どのようなデータを収集するか，既に収集済みではないのか，日常業務に落とし込めるか，誰が収集するか，その教育方法は，データの正確性・継続性の検証は，データの共有・周知方法は，パイロットスタディをするのか，守秘義務は，などいろいろな角度から検証が必要である．

- 2013年4月発足
- 組織
  - 医局(院長，副院長，医局長)，情報システム，診療情報管理，医事，経理，看護局，薬局，医療秘書，医療安全管理，臨床工学士，TQM室など
  - 専従と兼任
- 業務
  - 院内データ(安全，医療，経営情報)の収集・一元管理
  - 委員会情報のデジタル化・一元化
  - 統計処理・可視化
  - 情報周知
  - 計画設計・立案・提言
  - 医師を含めて全職員対象
- ツール
  - QlikView
  - MEDI-TARGET
  - アンサンブル・キャシエ
  - 名札型赤外線センサー
  - iPad

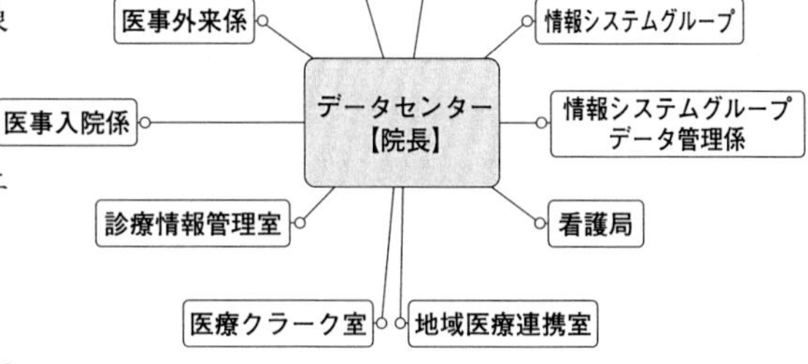

注）TQM：Total Quality Management.

図8.3　某病院データ管理センターの概要

測定を日常業務に落とし込まないと持続的・経時的に測定できない．安全という観点からは，職員に喜ばれるデータを測定してフィードバックする必要がある[13]．

このデータ管理センターでは，DPC分析ソフトであるMEDI-TARGET，可視化ツールであるQlikView，データ収集・抽出ツールであるExcel，アンサンブル，分析ツールであるキャシエなどを活用している．また，ITの実務者と管理者は異なるので，優秀な医療IT管理者を育成することも重要である．

8.5.2　データ解析の問題点

データの質の問題として，ギャベージイン・ギャベージアウト(GIGO)がある．医療のデータとして，マスタ構成やフォーマットを含め，標準化されているものは少ない．電子カルテの基幹システムと各サブシステムの連動においてもデータ統合上種々の齟齬を来している．また，現在の電子カルテのインタ

フェースも操作上使い勝手が良いとはいえず，ただでさえ業務過多になっている医師，看護師が入力データをいちいち見直し訂正しているとは思えない．そうすると，そもそもの生データが本当に正しいかどうかも疑問となる．米国でも指摘されているコピー&ペースト濫用の問題も無視できない[14]．結果的に誤った情報を訂正できず，継続的に伝達されていくことも多い．

医療のIT，IoTに必然的に関連する医療のビッグデータ活用の最大の問題は，医療情報が始めから統合・活用できるように構築されていないことである．DPCデータなどは最初から標準化されたデータである．最近日本医師会が推奨している健診情報の一元化などもISO 13606を土台としたオープンEHRのアーキタイプ(元型)を活用したものであり，わが国でも徐々にビッグデータの活用基盤が整備されつつある．しかし，テキストベースのデータをどのように処理するかは難しい問題である．アンサンブルとキャシエを活用して，データを共有し，テキストベースの非構造化データも情報として活用できるようにするには課題も多い．曖昧検索を含め，自然言語処理，機械・深層学習など，AIの取り込みが今後さらに重要になると思われる[15]．

図8.4は某病院の病院検査データと健診検査データの突合を見たものである．いかに大変な作業かわかる．キャシエの活用事例(**図8.5**)を見ても，テーブル分類では入退院，病名，検査結果，看護，オーダーなどあるが，どのデータがどのテーブルにあるか，わかりにくい．

8.5.3　データ解析例

図8.6は病院外来の日当点別に分布を見たものである．ただ診察だけの患者から院外処方の患者，検査のある患者，さらには外来化学療法の患者と，ナイアガラの滝のような分布で外来患者の分布を可視化している．このような分布を示すことによって，各診療科の位置と今後の方向性，すなわち，診療だけの患者はなるべく地域の診療所へ逆紹介し，地域の診療所からの紹介患者を受けるほうが基幹病院の外来の責務であるなどが明確になる．データ管理センターでこのように医療ITを活用することが，医療の安全性・効率性につながる．

キャシエデータ　⇒　同一人物と思われるデータの抽出
（カナ氏名，性別，生年月日）　35,141 名

同一人物とする定義を方針管理委員会へ打診予定
① 氏名(カナ)，性別，生年月日の合致　35,141 名
② ①に加え，住所が合致した場合
③ ①に加え，保険証番号が合致した場合
④ ①に加え，住所と保険証番号が合致した場合
⑤ ①に加え，住所または保険証番号が合致した場合

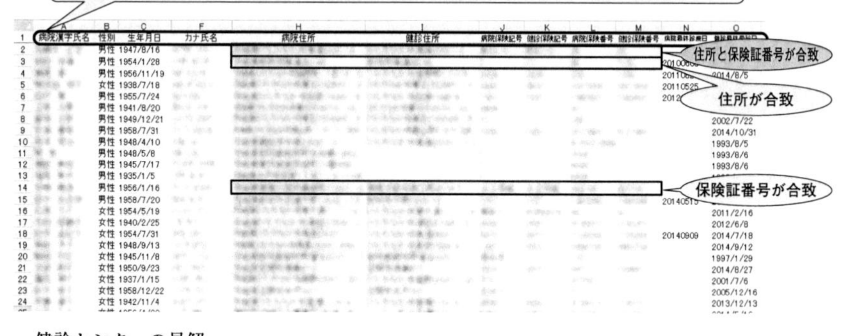

健診センターの見解
・病院は保険証番号での確認を行っている．
・健診は住所での確認を行っている（書類送付など）．
⑤で個人の特定ができると思われる．
（より安全を重視すれば④となる）

図 8.4　病院データと健診データの突合

8.5.4 業務改善

某病院での名札型赤外線センサーという看護業務可視化ツール（図 8.7）を用いた病棟看護師業務の見直し結果である（図 8.8）．本ツールは本来コミュニケーション度・幸福度を測定するものであったが，次の情報を測定している[16][17]．

① 電子カルテ情報
② 医事会計に連結しないバーコードによる業務実施情報
③ 病棟内に配置した赤外線検知器と職員の携帯センサーによる位置情報とコミュニケーション情報

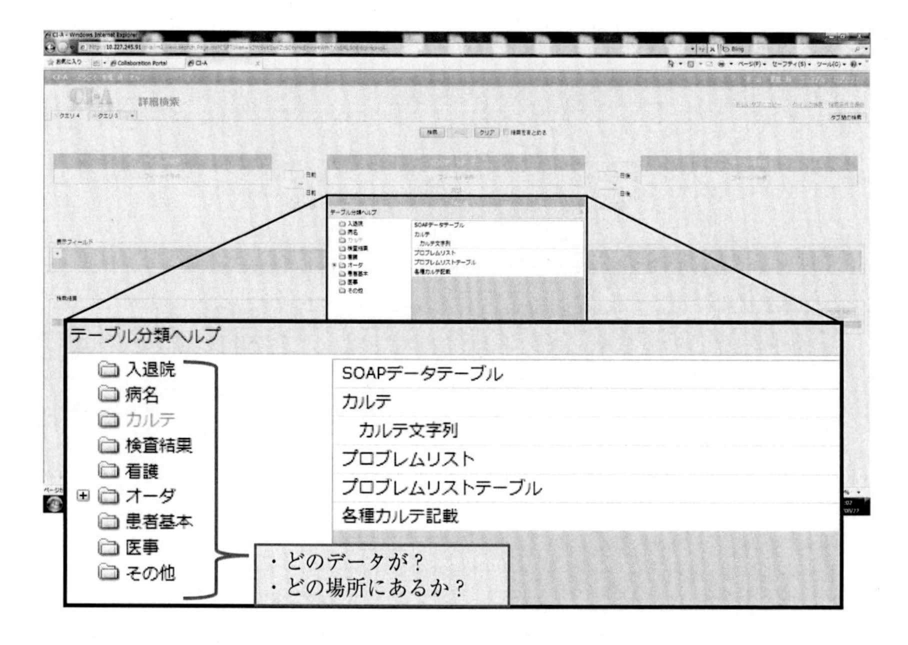

図8.5　診療情報活用システム(キャシエ)

具体的には，病棟に複数の赤外線ビーコンを設置し，看護師が名札型赤外線センサーを携帯し，看護師同士のコミュニケーション度合いと病棟内動線を把握・測定して，電子カルテ上の各看護師業務内容と突合することで，病棟看護師業務の可視化と改善を図るものである．IoTの世界である．特に，管理者がこうあるべきだという思い込みの業務と現場で実際に実践している業務には自ずとずれがあり，このずれに関して，本ツールを含めたデータ解析で科学的に実証していくことが必要である．

看護師の行動については，

① 1日の動きの総数

② 出勤時間のばらつき

③ 退勤時間のばらつき

④ 会話相手の人数

⑤ 会話相手の職種

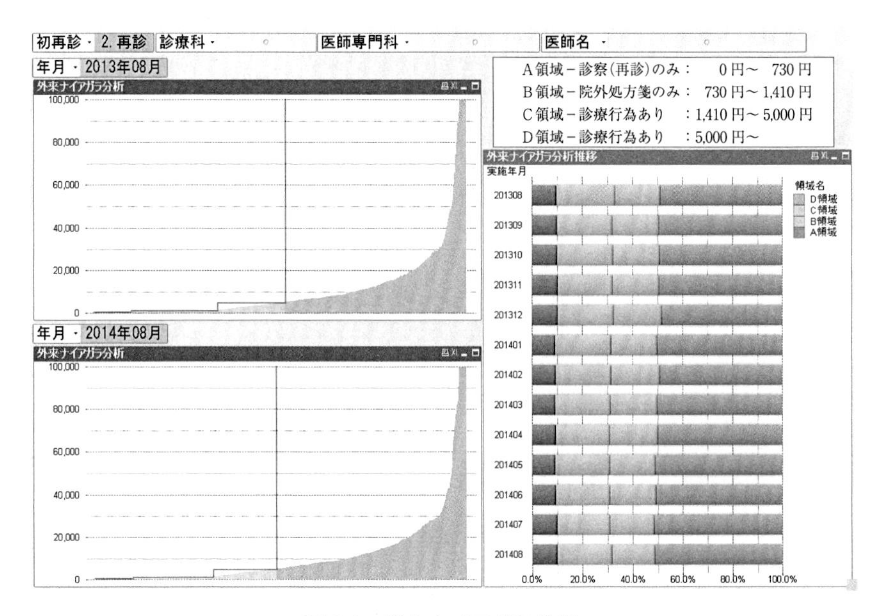

図 8.6　外来ナイアガラ分析

⑥　会話時の身体運動量(コミュニケーション状況)

⑦　病室滞在時間数

⑧　スタッフステーション滞在時間数

⑨　休憩時間数

⑩　電子カルテ対応時間数

⑪　患者対応時間数(直接ケア時間数)

⑫　間接ケア時間数

などをデータとしてとれる.

病棟管理上のコミュニケーション度の把握としては,

①　病棟師長と他の看護師の会話度

②　リーダー看護師と他の看護師の会話度

③　リーダー看護師と部屋持ち看護師の会話度

④　リーダー看護師とフリー看護師の会話度

① 名札型センサーを装着した医療スタッフ間の対面情報を計測可能
② 医療スタッフが装着した名札型センサーが赤外線ビーコンを検知し，どの業務(場所)にどれだけの時間を費やしたかを計測可能

■医療スタッフ間の対面情報の検知

対面情報	誰と誰が，いつ，何分間，対面した
身体的な動き	活気，滞在，立ち止り

■医療スタッフの場所情報の検知

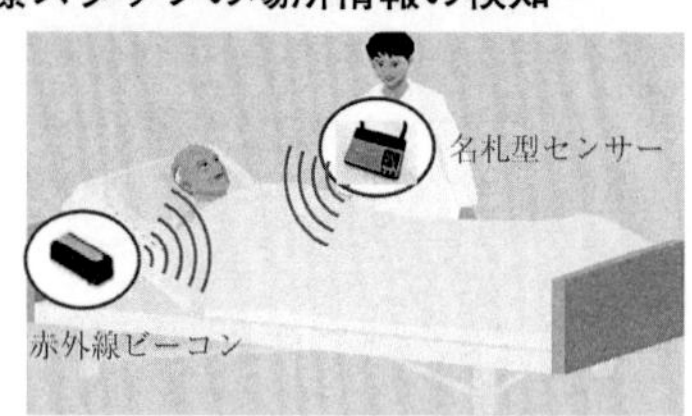

対面情報	誰が，どこに，いつ，何分間いた
場所	病室，スタッフステーション，各種処置室など

図 8.7　名札型赤外線センサー

⑤ 部屋持ち看護師とフリー看護師の会話度
⑥ 他の看護師同士の会話度
⑦ 看護師と病棟薬剤師の会話度
⑧ 看護師と医師の会話度
⑨ 看護師と看護補助者との会話度
⑩ 勤務シフト時の会話度
⑪ 職歴，病棟歴別比較

などを測定できる[17]．

図 8.8 を見ると，1日の勤務帯別病棟看護師の病棟内場所別電子カルテアクセス件数がわかる．その結果，始業時間前，終業時間後ともに病棟での時間外業務が多く認められ，業務内容はスタッフステーションでの記録業務や病室でのケア業務である．重症度，医療・看護必要度を有する患者の看護師訪室時間はない患者より長い(**図 8.9**)．また，3病院で患者を 75 歳と認知症で分け，

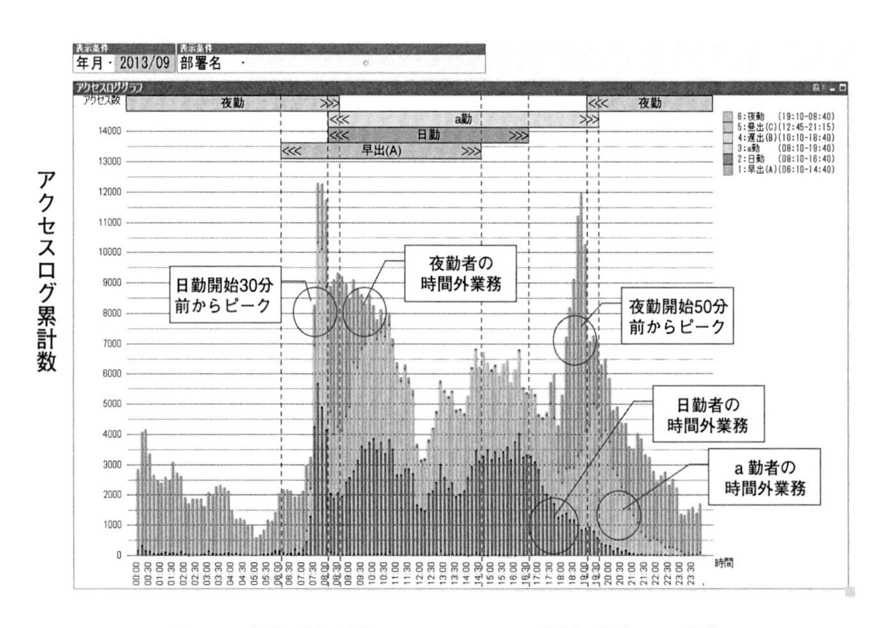

図 8.8　名札型赤外線センサーによる看護師業務の可視化

7：1 急性期病棟，10：1 急性期病棟，15：1 回復期病棟，20：1 療養型病棟の患者 1 名，日勤帯 9.5 時間当たりの看護師病室滞在時間比較では，療養型病棟以外は 75 歳以上の患者，認知症の患者の病室訪室ケア時間が有意に長い(**図 8.10**)．図には示していないが，離床センサー，抑制の有無別比較では，看護師の訪室時間は離床センサー装着患者ではより長く，抑制あり患者ではより短い．看護師の病棟内移動距離は，米国では日勤 8 時間勤務で 3.4 km，3.8 ～ 5.4 km という報告[18]があるが，某病院の検討では，急性期病棟で 6.8 km，回復期病棟で 5.5 km であり，機能別にはフリーの看護師が一番移動している(**図 8.11**)．業務の切り分けは難しいが，図には示していないものの，看護師と看護補助者の業務内容比較では，看護師業務の 40 % は看護補助業務内容で，逆に看護師の見守り下ではあるが，看護補助者業務の 13 % は看護業務内容である．これらの結果を踏まえ，この病棟では看護補助者を増員し，看護師の時間外業務の低減と直接ケア時間の増加が認められている．

A3　点滴ライン同時3本以上の管理
(同時刻に3種類以上の点滴が実施されている)

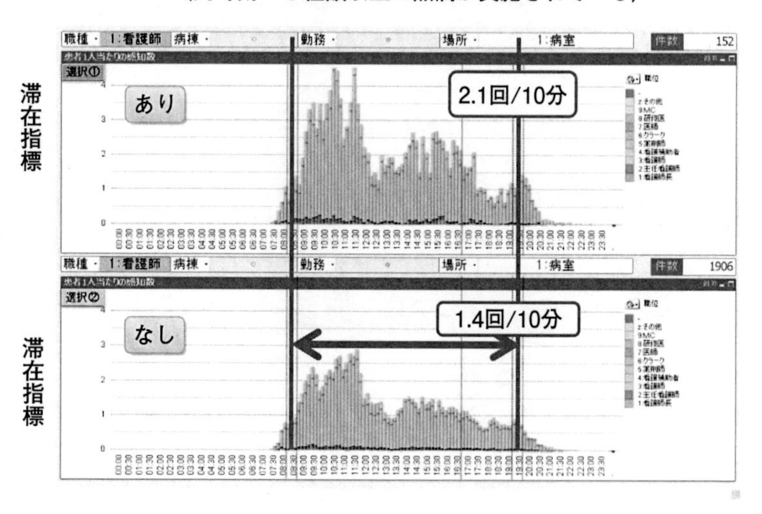

A7　専門的な治療・処置
①抗悪性腫瘍剤(注射)の使用

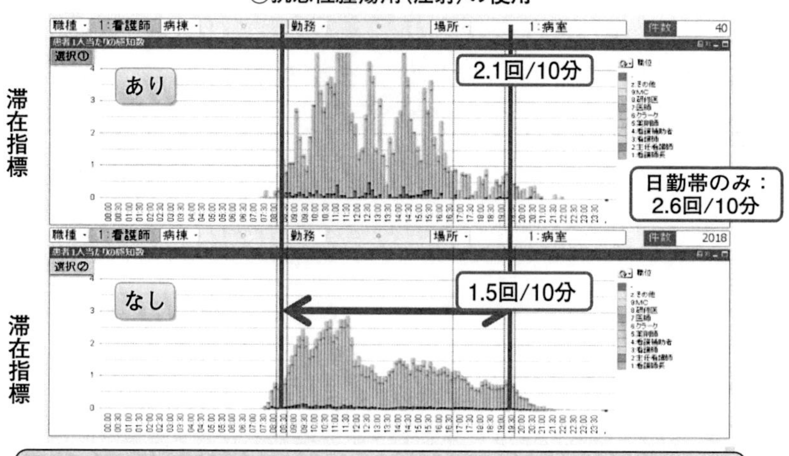

抗がん剤は，日勤帯で終了していることが多く，a 勤を入れるとベッドサイドでの感知は減少する.

図 8.9　重症度，医療・

A4　心電図モニターの管理

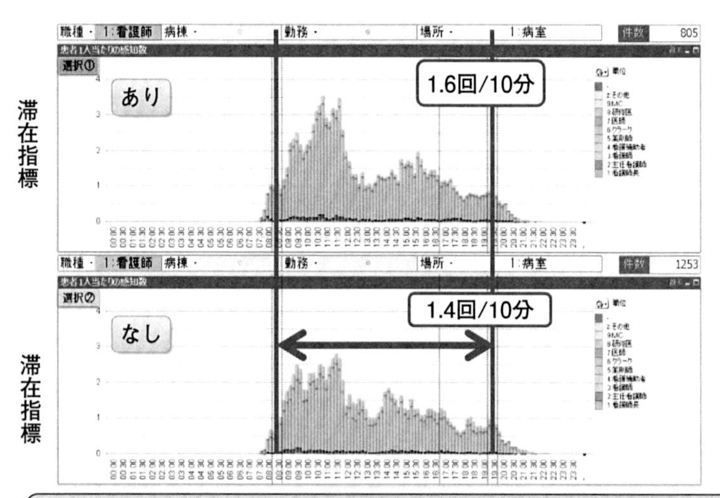

心電図モニターはセントラルモニター(SS)で監視できるため，アラーム対応以外ではベッドサイドに行く頻度に差が出なかったと考えられる.

A7　専門的な治療・処置
②抗悪性腫瘍剤(内服)の管理

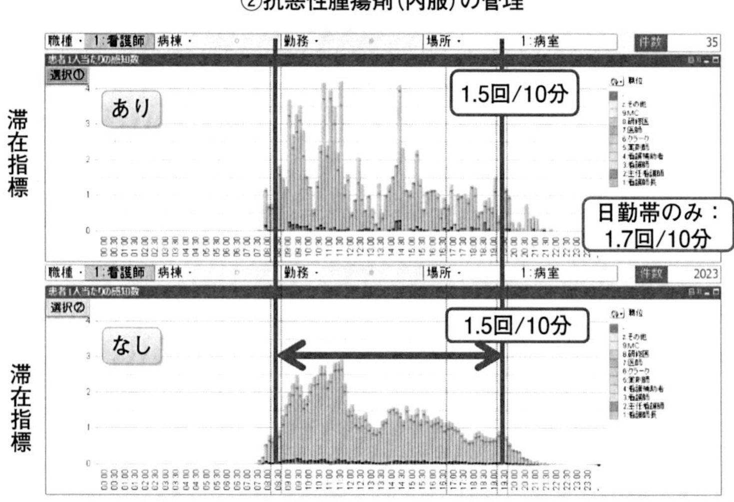

看護必要度の妥当性評価

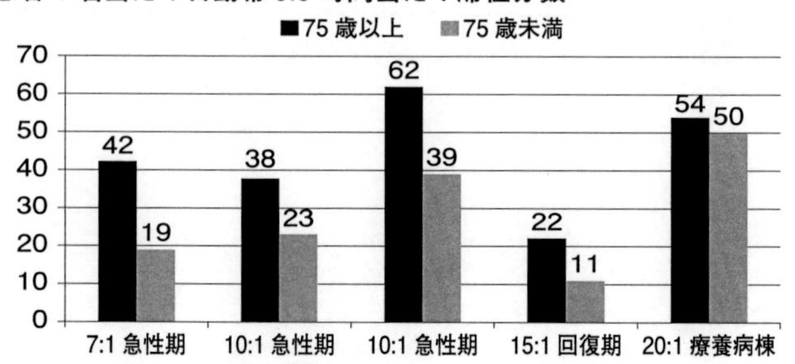

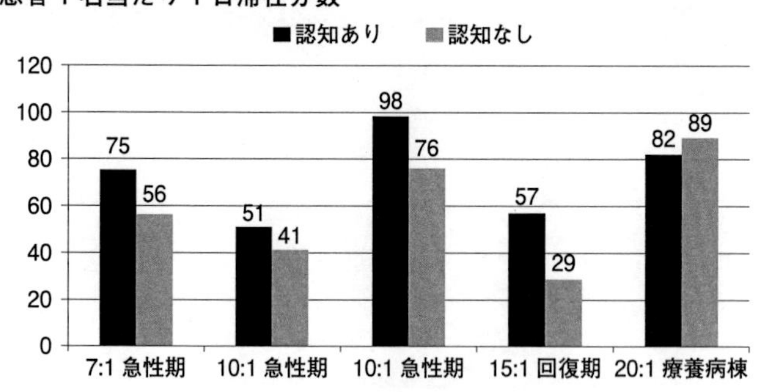

図 8.10　年齢別，認知症別患者看護師病室滞在時間

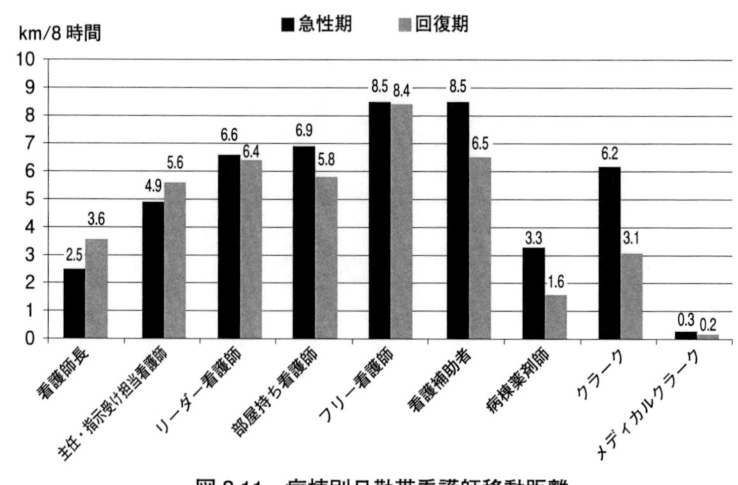

図 8.11　病棟別日勤帯看護師移動距離

以上より，これらのツールは電子カルテのアクセスログと場所情報との突合に意味があり，電子カルテが導入されている病院でしか検討できないこと，さらに，電子カルテのアクセスも即時入力でなければ，時間的ずれを生じ，解釈が難しくなる点など，今後の課題も多い．iPadの活用や音声録音による即時実施入力法の開発が望まれる．

8.5.5 臨床指標

データ収集し，それを公表するには多くのクリアすべき課題がある．職員にとって余分な業務という感覚を生じさせない(自動的にデータ収集できる)，自身にデータが跳ね返ってこない(脅威と感じさせない)，データの正確性・持続性・信頼性を確認できる(データの検証を十分にする，不適切な指標は開示しない)，独善的にならない(自身で集めたデータ以外にも多面的なデータ収集と妥当性確認する)，職員自ら主体的にデータ収集できる(管理者によるデータ収集だけでなくボトムアップ的にもデータ収集する)，結果と現状のアンマッチをなくす(認識のずれをなくすようなデータ収集)などの仕組みを徹底させることが重要である．

また，どのようにデータ収集・分析方法の教育・訓練を実施・展開するかも課題である．これらの課題を絶えず考えて進捗管理しないと，医療の質は定義しにくく，測定しにくいので，得てして測定しやすい指標のみ測定し，測定しにくいが本質的に重要なものは測定しないようになり，現実に必要な臨床指標が測定されない．ばらつきを減少させ(標準化)，到達点を上昇させ(持続的改善によって平均値を上げる)，ガイドライン・チェックリストを使用し逸脱を減少させ，役割分担と責任権限を明確化して，ハンドオーバー(情報・モノの受け渡し)を標準化し(復唱の推奨を含めた多職種協働の実践度改善)，職場環境を改善(5S，特に手順の習慣化)することである．

業務プロセスに信頼性，質，安全を織り込むことが重要であり，そのためにはこれらの指標の公表とともに，その対策を講じ，さらにフェールセーフの導入，教育・訓練の促進まで推進していく必要がある．その実質的な役割をデータ管理センターが担う.

8.6 安全対策

安全対策上, 診療情報管理士は診療録, オカレンス[1], トリガーツール[2], サマリーなどの監査が, また安全管理専従者はインシデント[3], オカレンス, クレーム[4]などの監査が必要である. 某病院でのトリガーツール検索によるオカレンスキーワード件数を**図8.12**に示す. 感染症, 急変, 誤挿入など外来と入院患者診療録のキャシエによる検索ヒット件数である. このなかで穿孔(せんこう)(消化管などに穴があくこと)という項目は9カ月間で1,506件, 外来では222件, 入院では1,284件ある. 実際にその詳細を分析すると, 同一患者で複数ヒットするので, 実際の件数としては算定できず, さらに細かく個々に見ていく必要がある. 穿孔を疑っているのか, 実際に穿孔があったのか, それも術後穿孔なのか, 内視鏡操作時の穿孔なのか, この結果だけでは分類できない(**図8.13**). コピー&ペーストの問題を含めて, 曖昧検索などが必要な理由である.

図8.14は某病院のオカレンス報告である. しかし, 死亡事例について, 診療情報管理士が調査した例とオカレンス報告例を比較する(**図8.15**)と, 全例自主的な報告例ではないことがわかる.

8.7 手順の不遵守対策

一般的に不遵守には悪意のあるものとないものがある. 前者は犯罪であり, 議論の余地はない. 後者の悪意はないが意図的な不遵守とは, いわゆる

---

1) 医療事故の一類型であるが, 原因不明な事例などで, 速やかな情報収集と対処が必要になるあらかじめ病院が定めた事例.

2) Global Trigger Toolともいい, 米国IHI(Institute for Healthcare Improvement：医療の質改善研究所)で開発されたものである. トリガー(きっかけ)と呼ばれるイベントを「斜め読み」で拾い上げ, トリガー事例があった場合にのみ, その周辺の診療録を見て有害事象が起きていないか判定するもの.

3) 患者に被害を及ぼすことはなかったが, 日常診療の場で“ヒヤリ”としたり, “ハッ”とした経験を有する事例.

4) 医療に対する苦情, 要求.

No	キーワード	件数	外来	入院
1	感染症	2,810	1,251	1,559
2	急変	657	89	568
3	誤挿入	0	0	0
4	誤嚥	5,805	245	5,560
5	合併症	6,301	342	5,959
6	再手術	92	50	42
7	再挿管	32	0	32
8	再入院	271	25	246
9	術後死	0	0	0
10	術後出血	75	5	70
11	術中合併症	2	0	2
12	心肺停止	113	33	80
13	穿孔	1,506	222	1,284
14				
15				
16				
17				
18				
19				
20				
21				
22				

実際のオカレンス件数（2014年度）

月	全報告数	基準																				
		1	2	3	4	5	6	7	8	9	10	11	12	13	14	15	16	17	18	インシデント	該当なし・不明	レベル3b以上
4月	15	1						1				3	5	1		2		2				
5月	13	2						1				4	3		1	1		1				
6月	17	1				1						4	8		1	1						
7月	22											7	5	3		4		3				
8月	23	2	2					2				4	6			5		1	1			
9月	10	1	1					1				2	1	1	1	1		1				
10月	21		4									5	6		1	2		3				
11月	15		2				1					7	4			1						
12月	13		3					1				2	6						1			
1月	18		1					2			1	5	1	1		6			1			
2月	13			1							1	2	1	1		2		2	3			
3月	9	2	1									3	1						2			

月	報告者					迅速報告数	発生場所							診療科							
	師長主任	担当医師	他医師	他職種	他		手術室	内視鏡室	病棟	外来	放射線室	カテ室	その他	外科	内科	整形	泌尿器科	脳外科	耳鼻科	皮膚科	他
4月	11			4			1	3	11					8	7						
5月	9	1	2	3				2	10	1				4	8				1		
6月	8			10	1		1	2	11	2	1			8	5		2		1		1
7月	14	1		8			4	2	14	1	1			9	12	1					
8月	23	4		2			5	1	15	2				7	14				1		1
9月	5	3		3	1		1	2	5	2				5	4	1					
10月	12	3	1	8	2		1	3	14	2			1	5	12	2	1				1
11月	9	2		6	1		1		11		1	2		5	7	2					1
12月	8		1	4			1	2	10					6	7						
1月	9	1		10				2	11	4		1		3	13			1			1
2月	10	1		2	2			1	7	5				4	5	1	1	1			1
3月	4	2		3	1		1		5	3				5	4						

図 8.12　某病院トリガーツール検索によるオカレンスキーワード件数

「まぁ，いいか」である．手洗いしない，ガウンを着ない，手袋を変えない，リストバンドを病室でチェックしない，生体情報アラームに対応しない，手順どおりに薬剤を保管・管理しないなどである．医療界では多々認められる．その抜本的解決法は見当たらないが，対策として動機づけなどが重要である．実態解明のための某病院の薬剤認証システムと生体情報モニター対応の２事例を示す[17]．

バーコードシステムは投与薬剤と患者認証に対して活用される．薬剤の転記，調剤，投与の過誤防止に手順どおりに活用すると有用である．手順を遵守しないと逆に過誤を生じる．注射薬の３点認証調査では，某病院ではほぼ

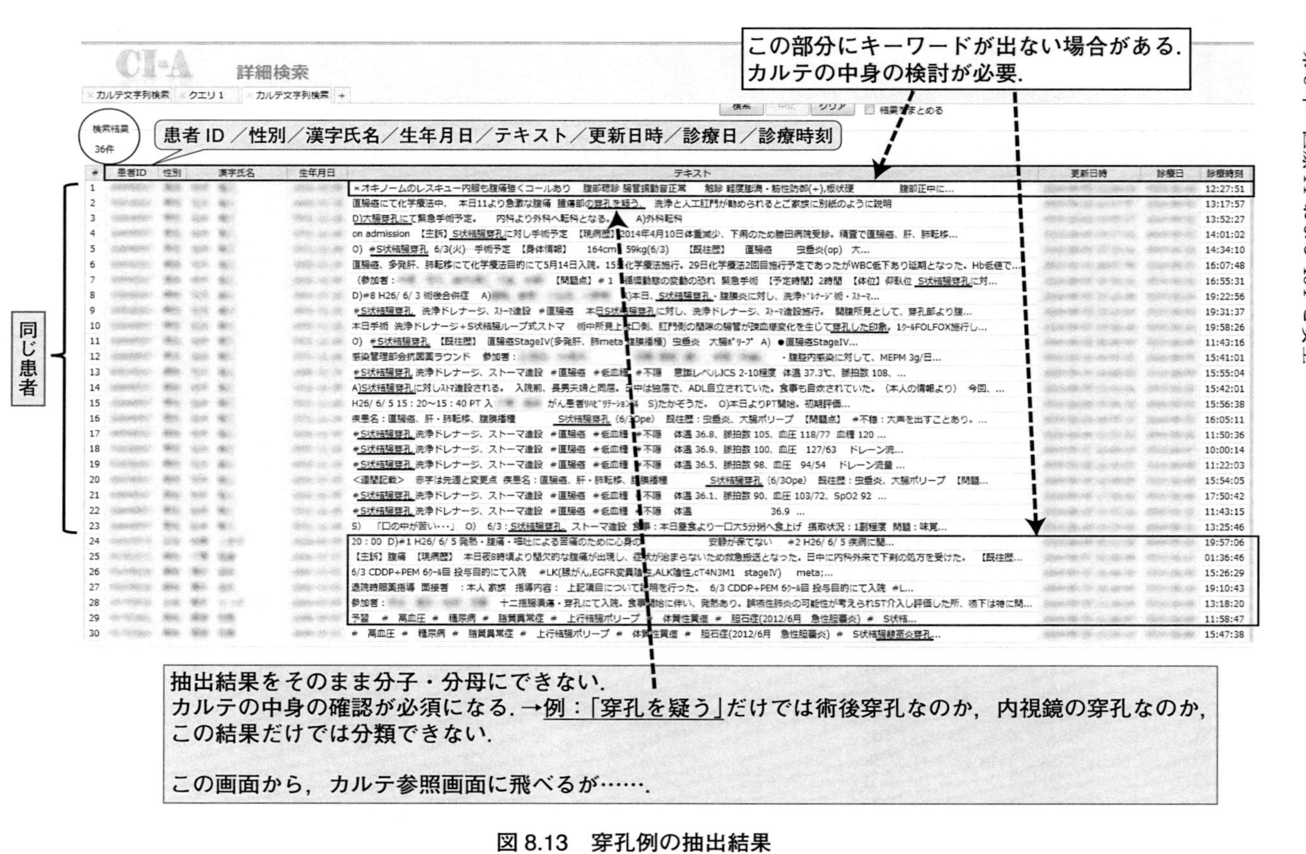

図8.13　穿孔例の抽出結果

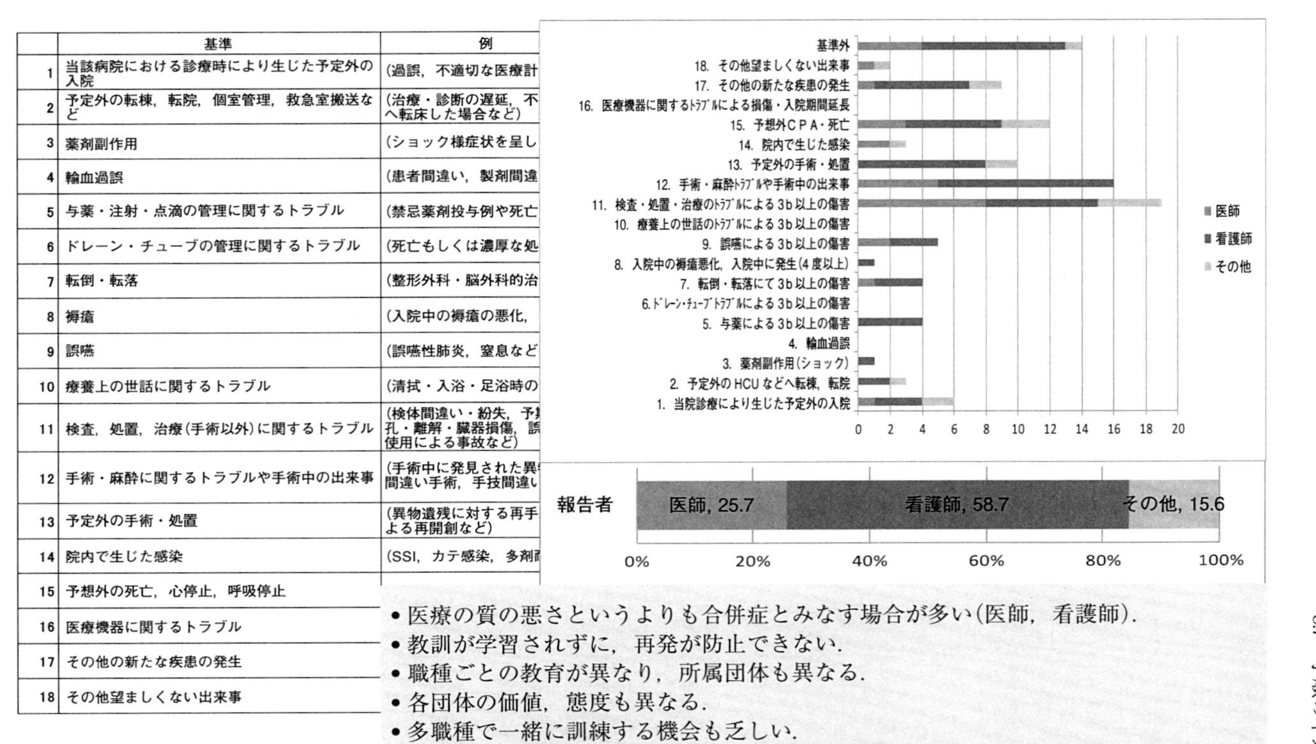

	基準	例
1	当該病院における診療時により生じた予定外の入院	(過誤，不適切な医療計
2	予定外の転棟，転院，個室管理，救急室搬送など	(治療・診断の遅延，不へ転床した場合など)
3	薬剤副作用	(ショック様症状を呈し
4	輸血過誤	(患者間違い，製剤間違
5	与薬・注射・点滴の管理に関するトラブル	(禁忌薬剤投与例や死亡
6	ドレーン・チューブの管理に関するトラブル	(死亡もしくは濃厚な処
7	転倒・転落	(整形外科・脳外科的治
8	褥瘡	(入院中の褥瘡の悪化，
9	誤嚥	(誤嚥性肺炎，窒息など
10	療養上の世話に関するトラブル	(清拭・入浴・足浴時の
11	検査，処置，治療(手術以外)に関するトラブル	(検体間違い・紛失，予孔・離解・臓器損傷，誤使用による事故など)
12	手術・麻酔に関するトラブルや手術中の出来事	(手術中に発見された異間違い手術，手技間違い
13	予定外の手術・処置	(異物遺残に対する再手よる再開創など)
14	院内で生じた感染	(SSI，カテ感染，多剤耐
15	予想外の死亡，心停止，呼吸停止	
16	医療機器に関するトラブル	
17	その他の新たな疾患の発生	
18	その他望ましくない出来事	

- 医療の質の悪さというよりも合併症とみなす場合が多い(医師，看護師).
- 教訓が学習されずに，再発が防止できない.
- 職種ごとの教育が異なり，所属団体も異なる.
- 各団体の価値，態度も異なる.
- 多職種で一緒に訓練する機会も乏しい.
- 技術に重きを置いた訓練・教育が多い(少しはノンスキルにも注目が行っているが).

図 8.14　オカレンス報告

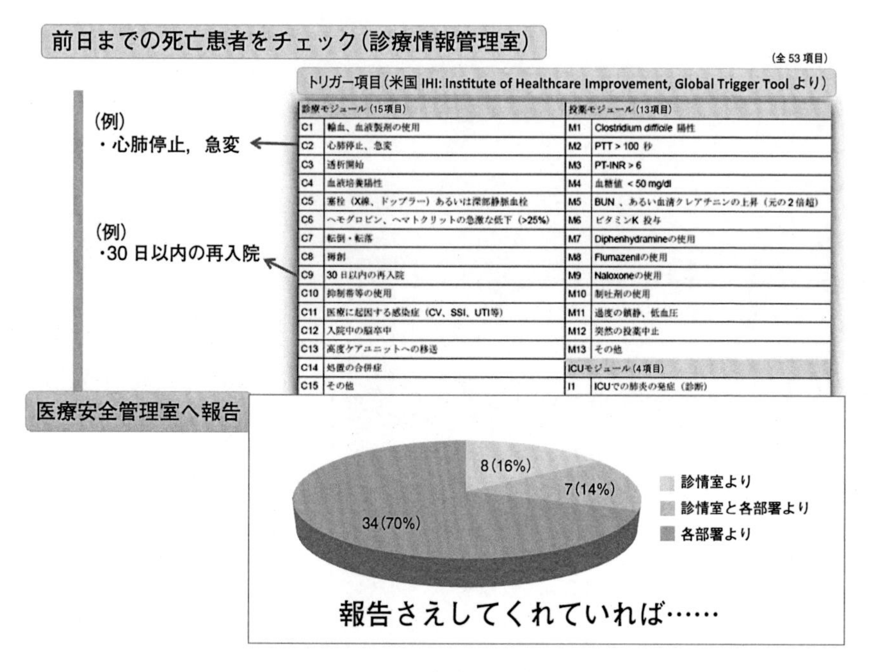

診療モジュール（15項目）		投薬モジュール（13項目）	
C1	輸血、血液製剤の使用	M1	Clostridium *difficile* 陽性
C2	心肺停止、急変	M2	PTT > 100 秒
C3	透析開始	M3	PT-INR > 6
C4	血液培養陽性	M4	血糖値 < 50 mg/dl
C5	塞栓（X線、ドップラー）あるいは深部静脈血栓	M5	BUN 、あるい血清クレアチニンの上昇（元の2倍超）
C6	ヘモグロビン、ヘマトクリットの急激な低下（>25%）	M6	ビタミンK 投与
C7	転倒・転落	M7	Diphenhydramineの使用
C8	褥創	M8	Flumazenilの使用
C9	30日以内の再入院	M9	Naloxoneの使用
C10	抑制帯等の使用	M10	制吐剤の使用
C11	医療に起因する感染症（CV、SSI、UTI等）	M11	過度の鎮静、低血圧
C12	入院中の脳卒中	M12	突然の投薬中止
C13	高度ケアユニットへの移送	M13	その他
C14	処置の合併症	ICUモジュール（4項目）	
C15	その他	I1	ICUでの肺炎の発症（診断）

図8.15　死亡事例の内訳

全例病室で看護師本人と患者ネームバンド，注射薬ラベルを認証していた（**図8.16**）が，20％程度スタッフステーションで実施している病院もあった．3点認証は病室で実施することに意味があり，これを「まぁいいか，面倒だから」とスタッフステーションで一括事前認証したり，患者を起こすのはかわいそうだからと廊下で認証するというショートカット行為は本末転倒である．これらの不遵守が重大事故につながる．

生体情報モニターの緊急アラームに対する看護師の対応率を図**8.17**に示す．ある期間に緊急アラームが30件発生し，8件は病室に訪室，5件はたまたま訪室中，11件は訪室なしである．アラームは全例解除しているので，アラームを見たが，偽陰性として対応しなかったことが示唆される．実際にその30件中，真のアラームは2件であったので，アラームの精度の問題もあるが，不遵守状況が存在することも事実である．

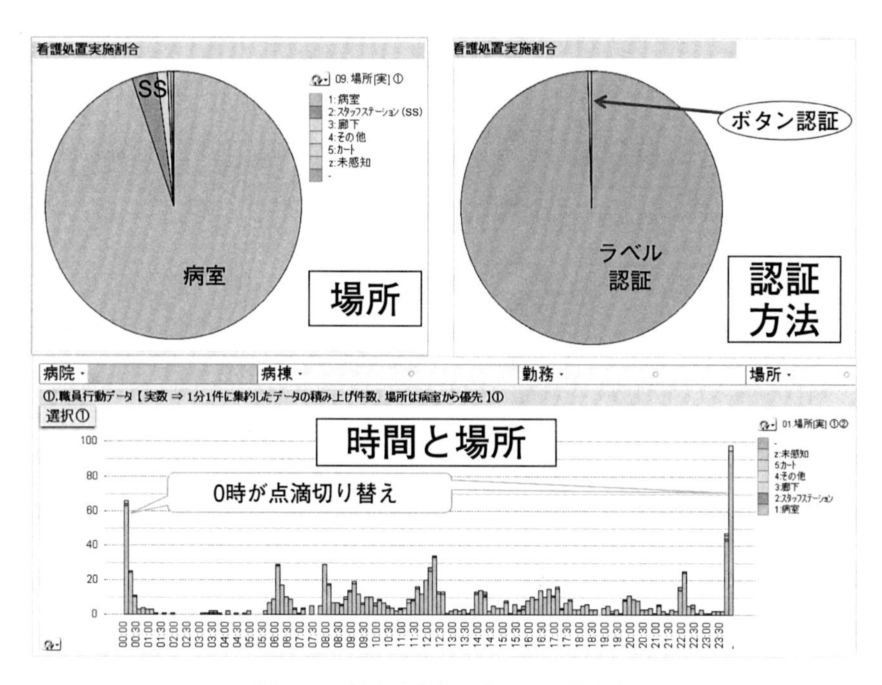

図 8.16　某病院薬剤 3 点認証の遵守率

大多数の病院で医療者が決められた手順に従うことは稀である．これはソフトウェア開発業者が現場を理解していないことに起因することが多い．手順では予想できないような環境では手順を逸脱することが逆に安全である場合もある．作業環境の変化が大きいときには職員は手順を遵守するが，慣れてくると，「まぁいいか」と手順を逸脱するようになる[9][19]．

医療では手順をつくることが多いが，その手順を守るように，意義を理解させ，教育し，現場で指摘・指導するとともに，改善活動に参加させることが重要である[20]．

8.8　コピー&ペースト(コピペ)に関する検討

8.3 節で述べた SAFER の患者特定の項目でも，後に続く患者記録は読み取りのみで開かれ，使用者が明確に識別できる状況でなければ電子カルテで表示

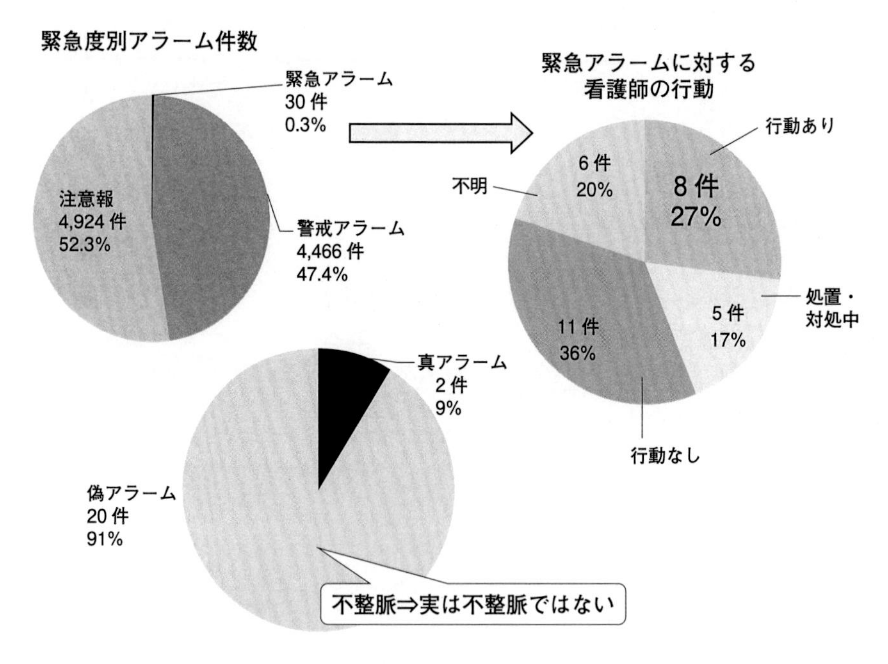

図8.17　某病院生体情報アラーム対応の遵守状況

できる患者記録数は同時間，同一コンピュータで一つに限定することを勧めている[21]．画面上誤入力を回避するには，複数の電子カルテを同時間，同一画面で開かれないようにすべきである．しかし，わが国の電子カルテにはこの機能が存在しないものもある．容易にコピペできることも問題である．ワードパレットなどに保管しておけば別患者に容易にコピペできるので，職員へのコピペに関する運用・教育も重要である．

コピペのリスクには，次のようなものがある[22]-[24]．

① 不正確な古い情報になる．

② 現在の情報がわかりにくく，長ったらしい．

③ 記述したヒトと意図がわかりにくい．

④ 最初に記述したのはいつか，誰かがわかりにくい．

⑤ 間違った情報が広がってしまう．

⑥ 首尾一貫性に欠く経過記録になる.

⑦ 不必要に長い経過記録になる(診療録膨張).

コピペの利点は，次のようなものがある[22]-[24].

① 時間が節約できる.

② 複雑なデータでも効率良く入力できる.

③ 転写ミスを減少できる.

④ 外来診療を迅速完璧に記載できる.

コピペ対策として，コピペを適切に使用できる手順・方針を策定し，このコピペ使用手順の遵守状況をモニタリングし，遵守させ，必要時には是正行動を徹底することが重要である．そのため，コピペが簡単にわかる仕組みを提供し，コピペの出所を確実に簡単に利用できるようにし，コピペの適切で安全な使用を医療者に教育・訓練する必要がある．具体的には，次のような対応が有用である[22].

① コピペを容易に特定するため，コピー文章を表示変更する(フォント，色を変える).

② 元文章とそれをコピーした診療録間で電子カルテ上のリンクを貼る.

③ 経時的に変化がない安定している既往歴と頻回アップデートが必要な現病歴とを別個表示できるようにする.

高頻度のコピペ利用者を特定するには電子カルテの定期的な監査が必要で，実施できる人(診療情報管理士)，それを可能にするツール，病院全体の方針決定が重要である．医師，看護師の診療録のコピペの現状をコピペルナーというソフトでチェックした某病院の成績では，医師・看護師の退院要約の30～80％前後がコピペであった.

また，ECRIは医療機関用と医療者用のコピペチェックリストを開発している[24]．医療機関用は，次のような事項である.

① 施設内のコピペの使用状況を測定している.

② 安全で適切なコピペ使用に関するポリシーと手順を開発している.

③ コピペの状況に対応するポリシーをもっている.

④　コピペ使用をモニタリングしなければならない領域を決めている．
⑤　診療録の間違いや不正確な情報を除くというポリシーが手元にある．
⑥　診療録の訂正を確認すべき責任者を指定している．
⑦　コピペ活動をモニタリングするポリシーが手元にある．
⑧　コピペ活動を日常的にモニタリングしている．
⑨　そのコピペがいつ発生したかを特定できる監査ログを有している．
⑩　リアルタイムな監査を利用できる．
⑪　コピペ活動のシステム分析に利用できるオプションを把握している．

また，医療者用は，次のような事項である．

①　コピーされた記録を明らかに同定できる．
②　コピー情報の出所にたやすくアクセスできる．
③　コピペする情報を医療者の意思で選択できる．
④　その情報が正しくアップデートされていることを検証することが重要だと医療者はコピペ情報を入力するときに理解している．
⑤　医療者は不正確な情報を除く手順をもっている．
⑥　医療者はコピペ機能を不適当・不適切に使用した場合の結果を理解している．
⑦　医療者はコピペを使用しなくとも情報を得ることができる方法を理解している．
⑧　医療者はコピペの適切な訓練と試験を受けている．
⑨　コピペの安全使用に関するポリシーと手順文書を訓練・検証している．
⑩　コピペの安全使用に関するモニタリング報告を活用して，そのプロセスの効果性を保証できる．

東邦大学の長谷川友紀教授によるコピペの全国調査(**図 8.18**)では，年に1回以上他の患者の診療録を別の患者用にコピペ活用している職員がいる病院は10％前後である[25]．米国ではコピペ使用者の 81％は他の医師の，または以前の入院時の患者診療録をコピペしているという報告がある[26]．間違った内容

78. 患者に対し，他の患者の診療記録が使用された．

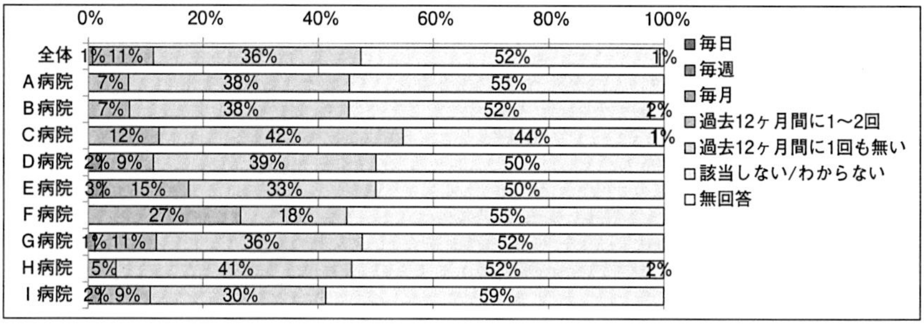

0% 20% 40% 60% 80% 100%

全体 1% 11% 36% 52% 1%
A病院 7% 38% 55%
B病院 7% 38% 52% 2%
C病院 12% 42% 44% 1%
D病院 2% 9% 39% 50%
E病院 3% 15% 33% 50%
F病院 27% 18% 55%
G病院 1% 11% 36% 52%
H病院 5% 41% 52% 2%
I 病院 2% 9% 30% 59%

■毎日
■毎週
■毎月
□過去12ヶ月間に1～2回
□過去12ヶ月間に1回も無い
□該当しない/わからない
□無回答

79. 電子カルテ内の患者の投薬情報やアレルギー情報が最新の状態になっていなかった．

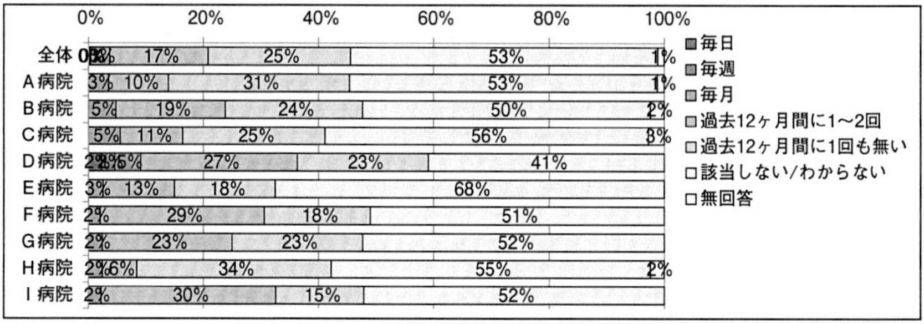

0% 20% 40% 60% 80% 100%

全体 0%3% 17% 25% 53% 1%
A病院 3% 10% 31% 53% 1%
B病院 5% 19% 24% 50% 2%
C病院 5% 11% 25% 56% 3%
D病院 2%2%5% 27% 23% 41%
E病院 3% 13% 18% 68%
F病院 2% 29% 18% 51%
G病院 2% 23% 23% 52%
H病院 2%6% 34% 55% 2%
I 病院 2% 30% 15% 52%

■毎日
■毎週
■毎月
□過去12ヶ月間に1～2回
□過去12ヶ月間に1回も無い
□該当しない/わからない
□無回答

出典） 長谷川友紀(研究代表者)：「医療安全の向上のための医療従事者を対象にした普及啓発の効果測定に関する研究」(H27-医療-一般-007)，厚生労働科学研究補助金 地域医療基盤開発推進研究事業 平成 27 年度 総括・分担研究報告書(平成 28 年 3 月)，2016.

図 8.18 わが国の病院のコピペの現状[25]

のコピペは誤入力と同じであり，誤入力事例にコピペによる間違いが介在している可能性があるが，その頻度は不明である．わが国では診療録のコピペ対策は始まったばかりであり，コピペの現状，コピペによる医療事故の実態も明らかではない．先の報告[25]を見ると，わが国でもかなりの頻度のコピペが推定されるデータであり，今後さらに詳細な検討・対策が必要である．

8.9 今後の医療 IT と安全に向けて

前節まで医療 IT と安全の現状について述べた．わが国の医療 IT は未だ構

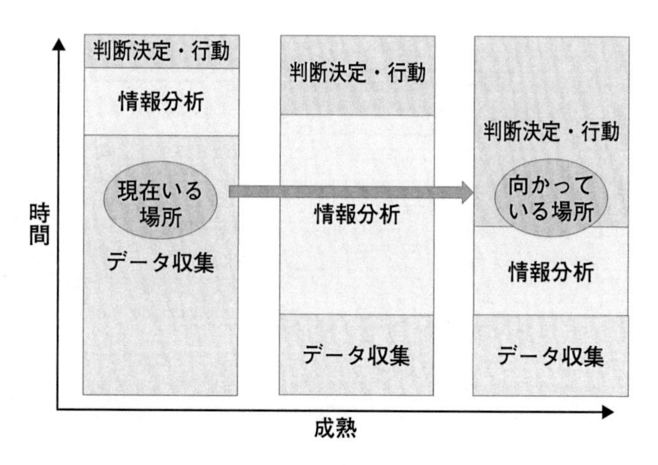

図8.19　スマートな情報活用に向かって

築途上である．今後，電子カルテのよりいっそうの普及とともに相互運用性の向上が必要である．米国でも相互運用性が課題であり，今後はブロックチェーンの医療への適用なども含めて，グローバルの展開が進むと思われる[27]．また，データウェアハウスの構築も必須であるが，その有効活用には構造化データだけでなく，非構造化データを情報として収集・活用するツールの開発も必要である．今後，自然言語処理や機械学習，深層学習など，人工知能の活用が期待される[15][28]．そのうえで，わが国の医療のデータウェアハウスもデータ収集の段階から情報分析，さらに判断決定・行動のステージに進むことが望まれる(図8.19)．詳細・精密・個別化医療に進むには避けては通れない道である．

8.10　医療のIoTの特徴

IoTの定義は定まっている．医療のIoTはIoHT(Internet of Healthcare Things)ともいわれる[27]．定義上は，コンピュータを利用したワイヤレスに情報交換できるアプリとデバイスのシステムであり，患者と医療者を結びつけ，バイタル統計や医療情報を保管しつつ，診断，モニタリング，追跡するものである．例えば，スマート眼鏡，スマート時計，衣服などウェアラブルデバイスにセンサーがついた血圧，血糖，心電図，脈拍モニターなどで患者をモニタリングしつつ，インスリンポンプ，除細動器，喘息用吸入器などの医療機器の内在モニタを介して患者をコントロールする．医師，看護師はモバイルなどのデバイスを使用し，電子カルテなどの医療情報，さらには個人健康情報とウェブ連結している(**図 8.20**)．医療デバイスなどからの情報を含め，医療情報がすべてデジタル情報としてクラウドでつながっている．多量の生の非構造的で予測できないデータを従来と異なるインテリジェントな IT システムで管理する．

医療の IoT の進化の背景は，センサー技術の革新，インテリジェントなネットワーク，クラウドコンピュータの進歩，分析ソフトの進歩とともに，医療の高度化・複雑化のなかで，多職種が関与する業務とそれに伴う多職種間の

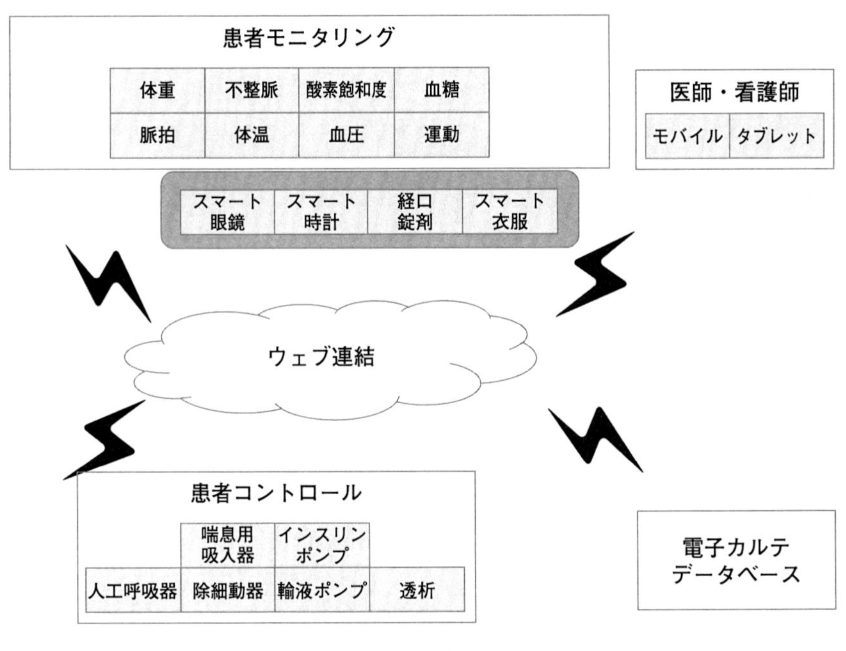

図 8.20　医療の IoT

- ◆ 大学病院等の地域の中核となる病院と診療所との連携や，医療・介護分野における多職種の連携についても，例えば，①引っ越しなど地域を超えて本人の医療・介護情報を活用する必要がある場合や，②病院の診療情報を眼科，歯科など複数の診療科のかかりつけ医が活用する場合，③都市部などで在宅医療・介護分野の多職種が異なるメンバーから成る複数のチームを形成している場合には，本人が自らの医療情報を管理し持ち運ぶことを可能とすることで，効率的な医療・介護情報連携ネットワークとして活用可能．
- ◆ 医療・介護連携に関しては，患者のかかりつけ医療機関等の連携を目的とした手帳が存在．これを電子化することにより，医療機関等や本人によるデータ記録の効率化や，離れて暮らす家族等とも容易に情報共有が可能となること等が期待される．

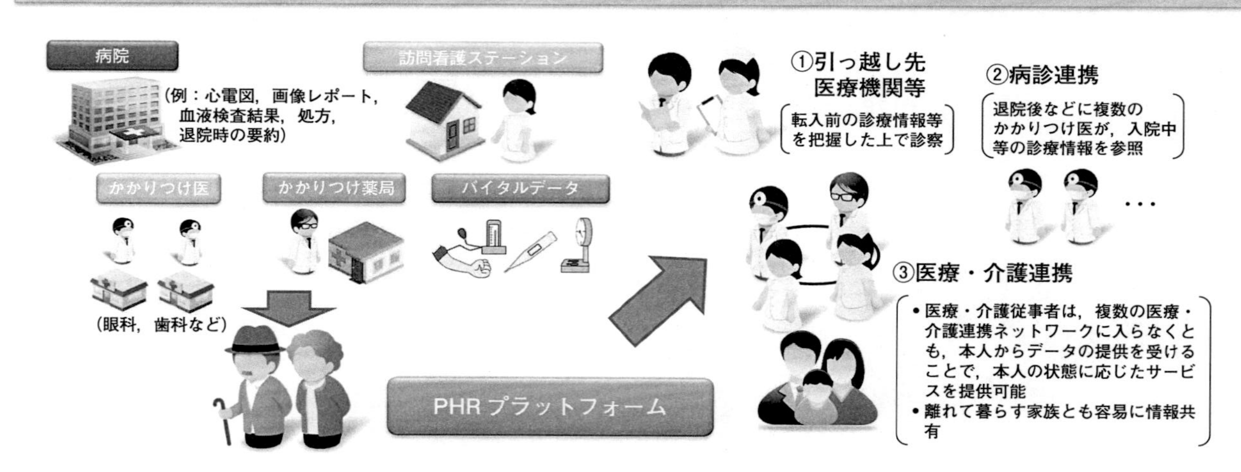

出典）　総務省：「クラウド時代の医療ICTの在り方に関する懇談会報告書(案)概要」(平成27年11月)，2015，p. 6.

図 8.21　デジタル化医療情報[30]

情報交換が増えたことにある[28]．少子高齢化時代におけるコミュニケーションや業務の効率化にデジタル化が必須であり，病院情報がデジタル化し，病院業務にITが必須になるとともに，モバイルデバイスの普及により病院内外の医療情報の収集が可能になり，病院情報・健康情報をビッグデータとして収集・分析し，判断支援や個別化医療(詳細・精密医療)に結びつける必要が出てきた(**図8.21**)[29][31]．ハードとソフト技術の結合であり，多数のデバイスとセンサーがクラウドでリンクし，ビックデータをつくり，インテリジェントなツールで意味のあるデータにすることが目的である．そのためには，相互運用性，データの統合，アクセスコントロール，データの質，セキュリティ，コンプライアンスなどの各要素で構成される情報統治が重要である[27]．医療のIoTの時代に喫緊の課題となるものが，サイバーセキュリティ，サイバー攻撃である[31]-[34]．

8.11 医療デバイス

医療デバイスの普及には目を見張るものがある．従来から病院内では生体情報モニター，ナースコール，人工呼吸器など多数利用されている．これらのデバイスは院内ネットワークに連結しているが，スマートフォン，タブレットなどのモバイル型デバイスの普及により，さらに複雑化している(**図8.22**)[29]．わが国では，欧米ほどには拡大していないが，インターネット世代では，欧米と同じく，フィットネスなどに活用する生活習慣病関連デバイスなどが飛躍的に増加する．これらのデバイス使用で，医療がより身近になり，膨大な医療データが収集可能になる．

一方では，デバイス使用に伴うネット環境の構築にあたり，安全性やウイルス感染を含めたサイバーセキュリティの問題が重要になる[32][33]．病院内の医療情報を院内だけで完結し外部と接続しない状況では，あまり問題は生じない．しかし，モバイル型医療デバイスからの情報は院内の電子カルテなど医療システムとリンクすることで有用性を増す．モバイル型医療デバイス情報を院内ネットワークに連結する場合，そこにハッカーが侵入するリスクが存在す

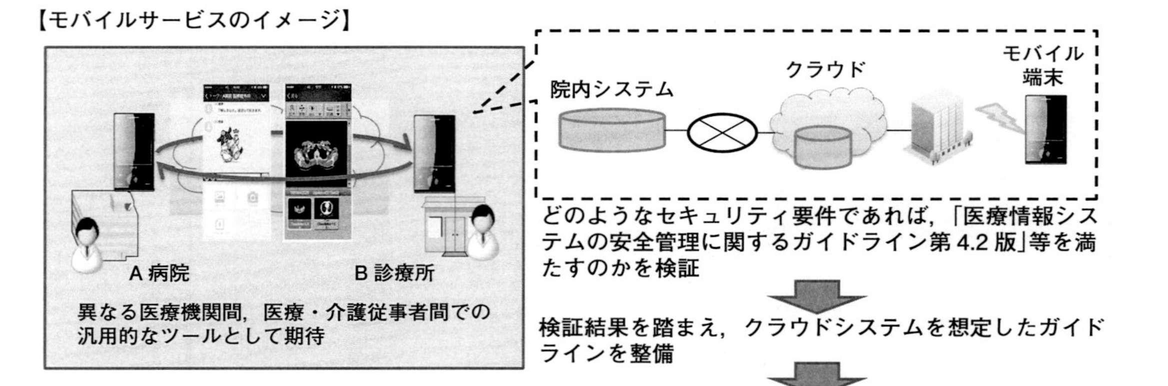

出典）　総務省：「クラウド時代の医療 ICT の在り方に関する懇談会報告書(案)概要」(平成 27 年 11 月)，2015，p. 9.

図 8.22　モバイル医療サービスの活用[30]

る．一般の産業界と異なり，サイバーセキュリティに精通している医療従事者は少なく，医療関係者，特に医師の防御態勢は弱い．ハッカーはネットワーク化された医療デバイスなど，システムの一番弱いところを狙ってくる[32]．医療に資するために医療デバイスを導入・使用する意図があっても，逆に意図しないサイバー攻撃などの危険が生じる．インターネットを通じて個人の健康記録とモバイルデバイスを連結することで，医療の利便性は増すが，逆にサイバー攻撃のリスクも増える．

(1)　ネットワーク化された医療デバイスに存在するリスク

ネットワーク化された医療デバイスに存在するリスクには，次のようなものがある[35][36]．

① 未検査で欠陥のあるソフトウェア，ファームウェアを導入
② 患者データ・モニタリング評価のためにモバイル医療デバイスを導入
③ 無認可の医療デバイスを設置
④ 医療デバイスの窃盗・消失
⑤ セキュリティソフトウェアのアップデートと医療デバイスのパッチ処理をメーカーがタイムリーに実施しない
⑥ 職員の不注意でパスワードを公に残すなどのパスワード管理不足

その結果，マルウェアによるフィッシング詐欺，サービス妨害攻撃(DoS)により，患者データの操作・窃盗・破壊・消失・公表などが発生している[35][36]．

米国FDA(Food and Drug Administration)は2013年，医療デバイスと病院ネットワークをリンクする際のサイバーセキュリティに関して，医療機関側に，次のことを要求している[37]．

① ネットワークのセキュリティ評価と病院システムの保護
② ネットワーク，ネットワークリンク医療デバイス双方への無認可アクセスの制限
③ ウイルス対策ソフトとファイアウォールの適切な設置とアップデート化

④　無認可使用ネットワークのモニタリング

⑤　個々のネットワーク構成要素の日常・定期的評価と保護

同年FDAはドラフトガイダンスとして，①アセット，脅威，脆弱性の特定，②デバイス機能への脅威・脆弱性の影響評価，③リスク程度の決定と適切な軽減策，④メーカーによる残存リスクとリスク受容基準の文書化を要求している[38]．そのなかには，信頼できるユーザーのみがアクセス権をもち，問題発生時にはフェールセーフ・回復機能を活用することも含まれている．

(2)　モバイルセキュリティに関するチェックリスト

米国国立医療情報技術調整局(Office of the National Coordinator for Health：ONC)はモバイルセキュリティに関する各ツールのチェックリストを公表している．モバイルデバイスのチェック内容は，次のとおりである[39]．

①　モバイルデバイス使用を規定する方針が手元にある．

②　全職員がモバイルデバイスについて煩わしい方針と手順を理解・同意している．

③　権限をもたない職員がモバイルデバイスを使用できないように配備している．

④　保護する必要のあるモバイルデバイス医療情報を暗号化している．

⑤　電子カルテと承認したモバイルデバイスとの連動を暗号化している．

ファイアウォールのチェック内容は，次のとおりである[39]．

①　ファイアウォールとファイアウォールログの使用・配備・運用を規定する方針が手元にある．

②　全コンピュータを適切に配備したファイアウォールで保護している．

③　全職員はファイアウォールの運用を妨害しないことを理解・同意している．

ネットワークアクセスのチェック内容は，次のとおりである[39]．

①　ネットワークの配置とアクセスを決める方針がある．

②　全職員がネットワーク使用方針を理解・同意している．

③　ネットワークへのアクセスを権限を有するユーザーとデバイスに限定している．
④　ゲストデバイスは保護が必要な健康情報を有するネットワークにアクセスできないようにしている．
⑤　ワイアレスネットワークを適切に暗号化している．
⑥　コンピュータにはピア・ツー・ピア(P2P)アプリを入れていない．
⑦　公的なインスタントメッセージサービスを使用しない．
⑧　私的なインスタントメッセージサービスを適切にセキュアしている．

8.12　内外の医療におけるサイバー攻撃事例

国内の病院の大多数は未だデータ流出・盗難にあっていない．しかし，既にサイバー攻撃の標的になっている．わが国では金沢大学附属病院から，ある導入システムから他部門の機器にUSBメモリーを介してウイルス感染した事例が報告されている．この事例ではウイルス感染検索・除去ツールから1,000以上の不正プログラムが検出され，実被害はなかったが，操作が遅い状況などが認められている．最近では防衛大学，防衛医科大学でのウイルス感染が報道されている．報道事例は氷山の一角であり，感染がある時期まで病院側で同定できないこともわが国の事例発生件数が少ない理由である[35]．

諸外国では，ペースメーカーやインスリンポンプ事例を始め数多く報告されている[36]．英国では30以上のNHSがランサム(身代金)ウェアを受け，3日間外来・診断部門を閉鎖した病院もある．2016年には100万件の患者データがランサムウェア攻撃を受けている[40]．2015年には米国コミュニティヘルスシステムズがサイバー攻撃を受け，4,150万件の患者情報・社会保険番号が流出している[41]．ハリウッドのプレバイテリアンメディカルセンターでは2月5日にIT部門の調査で発覚したランサムウェア感染により電子カルテシステムがロックされ，情報の電子的共有が困難になり，暗号化ファイルの暗号解除鍵の身代金に1.7万ドル要求され，支払い後，15日に復旧している[42]．MedStar HealthのITシステムがランサムウェア感染し，データが暗号化され，診療業務に支障を来し，身代金700万ドル請求されている．この事例では，患者情報の流出はなかったが，被害拡大防止のため，全システムのダウンを余儀なくされている[43]．図8.23は最近の米国の病院におけるサイバー攻撃件数である[36]．

わが国の事例では医療以外も含めて，独立行政法人情報処理推進機構(IPA)が「情報セキュリティ10大脅威2016」を報告している[35]．個人・組織を合わせると，インターネットハッキングの次に標的攻撃による情報流出が発生しており，三番目にランサムウェア，四番目にウェブサービスからの個人情報の窃取が続いている．組織別順位では4番目にサービス妨害によるサービス妨害攻撃(DoS)が入っており，ランサムウェアよりも多い．

サイバー攻撃で最も多いものはマルウェアであり，そのなかではランサムウェアが多い[44]．ランサムウェアは古いタイプであるが，最近新たに復活している．ウイルス感染したファイルをロック後，その解錠条件に身代金を要求する．悪意のある書類を保有する全メール攻撃の1/4がこれにあたる．米国でも近年倍増している．その中身はいわゆるフィッシング詐欺である．

正規のメールやウェブサイトを装い，パスワードなどを詐取する詐欺であ

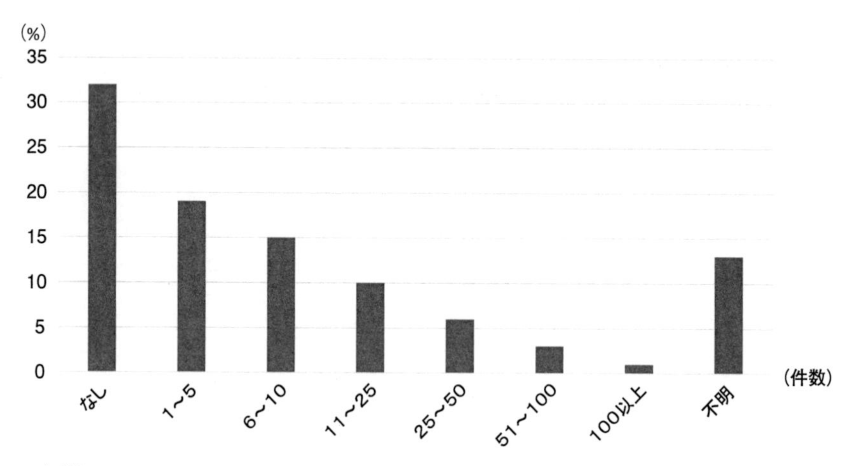

出典)　Ponemon Institute: The state of cybersecurity in healthcare organizations in 2016.

図8.23　米国病院のサイバー攻撃頻度[36]

り，電子メール，モバイルデバイス，感染ウェブサイトを介してウイルス感染を起こす[44][45]．医療界ではモバイルデバイスからの流出事例が多い．病院職員がアクセスしたモバイルデバイスが感染USBメモリーなどによりウイルス感染し，そこから守秘義務のある個人情報が流出する事例が多い．職員にモバイルデバイスを与えすぎという意見もあり，モバイルデバイスへの院内情報保管を制限している医療機関も多い．職員のニーズと情報セキュリティとのバランスが重要である[45]．

ランサムウェアが増加している理由は，医療界でのデジタル化の波により活躍する場が増え，安価で限られた技術でも可能であり，VIPの健康情報など標的も増加し，医療情報の価値が最近格段に増大していることなどによる[36][44]．

8.13 サイバー攻撃対策

過去の流出事例を周知し，現在・将来のセキュリティ対策に生かす必要がある．医療界以外の情報も重要である．個人健康情報が窃盗されたら，ネットワークがロックされたら，どのようなことが起きるか，対応する必要があるかなど，よく知っておく必要がある．基本は，次のとおりである[35]．

① ソフトウェアの脆弱性にはソフトウェアを更新

② ウイルス感染にはウイルス対策ソフトを導入

③ パスワード窃取にはパスワード管理・認証を強化

④ 設定不備には設定の見直し

⑤ 誘導(罠にはめる)には脅威・手口の把握

また，国・関係団体が何をカバーし，何をカバーしていないか，セキュリティ保護の限界と保護されていないウェアラブルからの流出リスクを考える必要がある[40]．

米国国立医療情報技術調整局(ONC)はウイルス対策ソフトとパスワード管理のチェックリストを公表している[39]．ウイルス対策ソフトのチェックとしては，次のような事項がある．

① ウイルス対策ソフトの使用を求める方針を手元にもっている．

② ウイルス対策ソフトの運用を妨げないことを全職員が理解・同意している.

③ コンピュータ上のウイルス，マルウェアの可能性のある症状の特定方法を全職員が理解している.

④ ウイルス，マルウェアの感染の回避方法を全職員が理解している.

⑤ 使用説明どおりにウイルス対策ソフトを各コンピュータにインストールし効果的に活用している.

⑥ メーカーがウイルス対策ソフトを自動的にアップデートするように設定している.

⑦ メーカー標準どおりにウイルス対策ソフトをアップデートしている.

⑧ ウイルス対策ソフトを小型端末やモバイルデバイスにインストールして運用している.

パスワード管理のチェックとしては，次の事項がある.

① 施設でパスワード発行方針を決めている.

② 全職員がパスワードの煩わしい運用を理解・同意している.

③ 各職員が個人のユーザーネームとパスワードをもっている.

④ パスワードを他人に示さず，共有もしない.

⑤ パスワードを画面上に書き留めたり，表示しない.

⑥ 推測しにくいが思い出しやすいパスワードにしている.

⑦ 定期的にパスワードを変更している.

⑧ パスワードを再利用していない.

⑨ 製品のインストール時に製品付属のデフォルトパスワードを変更している.

⑩ パスワード保護をオプションで認めている装置やプログラムは開始・使用中という保護パスワードをもっている.

ウイルス対策ソフトはただ入れるだけではなく，アップデートなど恒常的な管理が必要である．パスワードも日頃の日常管理が重要である．中間層以上ほど現場の職員はセキュリティ訓練されておらず，知識も不足傾向にある．①技術の問題である，②IT 部門の問題である，③当院では絶対起きないという意識は変えなければならない[46]．サイバー攻撃では，身代金だけが問題ではなく，医療を継続できない，修復コストがかかる，評判が落ちるなどの問題も生じる．身代金をたとえ払ってもロックが解除されるかどうかは不明であり，身代金を払うべきとする意見と払うべきでないという意見がある[41]．

組織としてサイバー攻撃対策では，次のような課題がある[47][48]．

① 投資資金が乏しい．

② IT 技術が確保されていない

③ ソフトウェア，ファームウェアがアップデートされていない．

④ データ流出の事前予防対策が立案されていない．

⑤ インシデントなどへの適切な対応策が構築されていない．

⑥ OS ブラウザ(Windows Internet Explorer，iMac/iPhone の Safari，Android スマートフォンの Google など)をサポートしていない．

⑦ アクセス権があまりに複雑である．

⑧ 離職者・異動者・職員職務変更・アルバイト医師対応が不十分である．

⑨ データセキュリティに対する職員の訓練・教育が十分でない．

これらはいずれもトップの仕事である．

また，モバイル型医療デバイスに関する対応策では，段階的にモバイルデバイスなどのセキュリティが成熟し，最終的にはツール・手順が遵守されるようになることが理想的である．それにはデータのセキュリティとアクセスコントロールのバランスが重要である．セキュリティでは，データは十分に管理され，調節され，最終的に各デバイスの型も認証されている必要がある．アクセスコントロールでは，誰がアクセスを必要としているか，何に対するアクセスか，そのデバイスの状況はどうかを確認する必要がある[49]．ONC のアクセスコントロールに関するチェック内容は，次のとおりである[39]．

① アクセスコントロールを規定する方針が手元にある．離職した職員のユーザーアカウントを直ちに破棄している．

② ユーザーアカウントは権限を有する各個人に紐づいている.
③ ユーザーには職務実施に必要な情報にアクセスできる権限しかない.
④ 権限を有する職員しか全ファイルにアクセスできない.
⑤ 全職員はアクセスコントロール方針を理解・同意している.
⑥ 医療に用いられているコンピュータは多目的に使用できない.

サイバー攻撃だけでなく，リスクに対してはすべて事前対策が重要である[35]. 病院が事故発生前にやるべきことは，次のとおりである[45].

① 定期的なバックアップ
② ソフトウェア，ファームウェア，デバイス，システム，ネットワークなどのアップデートと最新のパッチ処理
③ クリック前の確認などを含めた職員の教育・訓練

いずれも投資が必要であり，その決断はトップが行う．バックアップは単にバックアップをとるだけでなく，それを活用し速やかに元に復旧する仕組みを構築しないと不十分である．アップデートはパッチを同時に処理しないと不十分である．教育・訓練では，何をする・しないを周知し，ランサムウェアなどの回避方法とともに，万が一発生したときの報告体制と対応の仕組みの構築が重要である．自分だけで解決しないで組織に報告するスタンスでないと，さらに対応が困難になる[39].

サイバー攻撃中は，次の事項が重要である[45].

① 所轄官庁を含め関係部署に連絡する.
② ネットワークを遮断する(その前に感染ウイルスの所在を把握するためにネット間の往来をチェックする).
③ 相手方を見定めて対応を決定する(リスク評価して，身代金に応じるか，人質は何か，どこが危険にさらされているかなどを判断する).
④ 対応を一本化する.
⑤ バックアップを活用して復旧する.

無料のランサムウェア解除ツールは期待できない．攻撃を受けている際のリスク評価は，相手の評価のほか，どのようなデータがどの程度流出したか，ど

の程度守秘義務上重要か，何かデータに変化があるか，窃盗されたデータへのアクセス・誤用を予防する手立てはあるか，データの障害・破壊・喪失時の影響を軽減する手立てはあるかなども考える必要がある．1,000 人規模の医療機関のデータ流出事例発生時対応には解決までに最低 4 名以上の IT 関連職員が必要である[50]．また，事後対応として，内部に残留ウイルスやトロイの木馬が残っている可能性があるのでチェックし，教育・訓練とともに，防御策を再強化する[50]．

8.14 医療 IoT と患者安全

従来のサイバー攻撃対策が電子カルテなどの記録の流出防止に重きを置き，流出の結果生じる可能性のある患者安全リスクに対する対策が不十分なことが問題となっている[45][50]．相手によって攻撃内容も多様であり（表 8.2），標的攻撃の有無も含めて，攻撃対象が異なる[45]．インターネット世代の増加，医療 IT の構築，モバイル型医療デバイスの普及，医療のビックデータ活用，医療の IoT の拡大という状況では，この問題を今一度考えてみる必要がある．

患者を特定できる情報と患者固有の個人健康情報と患者の健康は異なる．患

表 8.2 相手別攻撃内容の種類[45]

相手	患者の健康		患者の電子カルテ情報	
ハッカー	標的（特定の犠牲者）	非標的（無差別）	標的（特定の犠牲者）	非標的（無差別）
個人，小グループ				＋
政治的なハッカー			＋	
組織犯罪	＋		＋	＋
テロ	＋	＋		
国家	＋	＋	＋	＋

注）＋：攻撃対象を意味する．
出典）ISE: "Securing Hospitals: A research study and blueprint," Feb. 23, 2016.

者を特定できる情報に興味があるハッカーは患者の個人健康情報などに興味はないことが多いが，健康情報が含まれない情報などはまったくカネにはならない．患者固有の個人健康情報を標的にする場合は，それが目的であり，カネにするという動機がある[35]．銀行のIDカード番号は1件1ドルであるが，個人健康情報は闇市場で50ドルである．**図8.24**は米国のサイバー攻撃対象1名当たりのコストである[36]．患者の健康を標的にするハッカーは診療記録などに興味がなく，デバイス，インフラ，対象患者固有の医療情報が標的になる．

脅威モデルを構築する際，患者記録の保護だけに焦点を絞らない，患者への障害が生じる可能性を想定する，単純な敵だけでなく複雑な敵も想定する[45]．ハッカー攻撃の最初の矢面は医師，薬剤，能動型医療デバイス，手術などである．二番目の矢面は患者，電子カルテ，検査結果，指示，時間，受動型医療デバイスなどであり，最終的にはバーコードスキャナー，環境調節，在庫品などが考えられる．従来の対策はこのなかで電子カルテだけを個人情報としてセキュリティ上防護対象にしていた．今後は電子カルテ以外の各対象も防護の対象に入れないと，サイバー攻撃の対象になり，セキュリティ上のリスクとなる[45]．ここでは，患者と直接連結し治療を管理するデバイスで，治療を否定する，治療を修正する，訂正して危害を生じるなどのサイバー攻撃リスクのあ

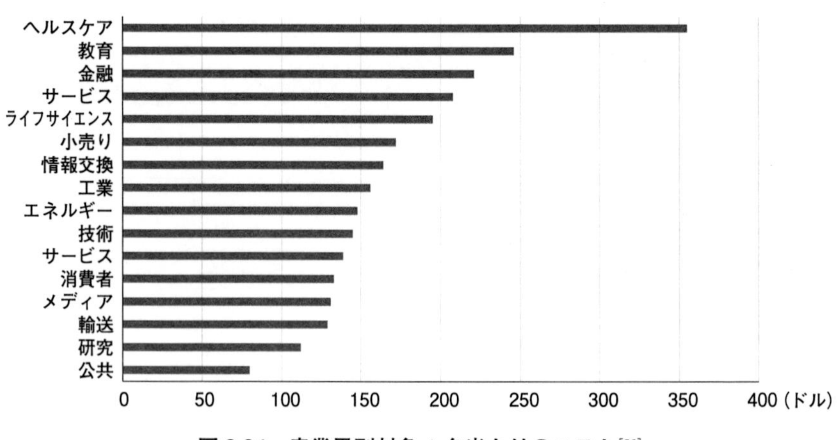

図8.24　産業界別対象1名当たりのコスト[36]

るものを能動型医療デバイスと，バイタルなどの患者情報を報告するデバイスで，間違った情報を伝える，医療的な出来事を伝えない，間違った医療的な出来事を伝えるなどのサイバー攻撃リスクのあるものを受動型医療デバイスと定義している．

インターネットに接続され，ネットワーク化されているインスリン持続注入ポンプがサイバー攻撃を受けた場合，高用量のインスリン投与が可能になり，致命的な事態が発生する[50]．2016 年 2 月米国の独立系セキュリティ評価者（Independent Security Evaluators：ISE）は，全国 18 機関（内 12 病院）のネットワークに実際に侵入し，ハッカーし，院内デバイスを種々の致命的な遠隔誤指示ができるまで操作した後，誤指示せずに，病院にその旨報告し，当該病院のサイバーセキュリティの脆弱性を警告した[45]．この介入で，トップの支援がない，職員の技能が不十分である，技術が不適切に導入されている，ハッカーへの理解が古い，リーダーシップが欠如している，法遵守に対する誤った信頼があるなどのほか，極端に患者の生命が危険にさらされている現状が明らかになった．診療録の窃盗で身代金を要求するハッカー以外に，患者の生命を狙うハッカーが将来出現しないとは断言できない．医療機関はそのことを十分考慮して，サイバーセキュリティ対策を構築する必要がある．

ISE の報告事例をいくつか詳細に述べる[45]．1 例目は稼働中の医療デバイスを外部から操作する攻撃例である．米国の某病院入院中の患者に，外国から受動型医療デバイスに介入し患者に障害を与える例である．①防御線を回避し，②ネットワークに砦をつくり，③ネットワークを徹底調査し，④脆弱な受動型医療デバイスに感染し，結果的に患者に障害を与えるというものである．

2 例目は病院ロビーから病院内の与薬，検体検査の業務フローを操作し，結果的に不適当な薬剤，投与量，検体の取り違えなどを起こすというものである．現在病院にバーコードスキャンやラベル印刷などの電子機器が導入されているからこそ生じる攻撃である．これらの機器は容易・迅速に薬剤や検体の認証や履歴管理できる特徴があるが，ヒトの目の監視は手薄になるという盲点をついている．この機器が誤操作されれば，計画どおりの医療が実践できなくなる．①某病院内の売店に入り，デバイスの売店モードを突破し，制限されていない内部ネットワークにつながるシステムにアクセスし，②ネットワーク内に砦をつくらず，③売店から救急や病室内の多数のモバイルコンピュータステーションの中から容易に利用できるものを特定し，④そのモバイルからバーコードシステムにアクセスし，患者名・ID番号を見て，別名の患者ラベルにスキャンしてもOKが出るように仕組み，結果的に誤薬投与，検体間違いを生じるというものである．

3例目はUSBメモリーを使用して，直接病院ネットワークシステムに接触しないでネットワークに足場を築き，調剤システムを攻撃し，誤調剤し，結果的に患者に傷害を与えるというものである．まず，マルウェアに感染したUSBメモリーを準備し，USBメモリーはUSBポートに差し込まれたら，自動的に感染するようになっている．そこで，感染を待ち，悪意のあるソフトウェアがUSBメモリー経由でダウンロードされたら，標的となるシステムを遠隔でコントロールできるようにする．ハッカーはUSBメモリーによる感染を待っているだけで，感染後に医師，看護師のアカウントにアクセスし，機器をコントロールし，誤調剤などを起こすことが可能になる．

また，各種方法で患者記録に介入できるようにすると，体重変更による薬剤過量投与，ペニシリンアレルギー歴消去によるペニシリン投与なども可能になる．対策として，

① 電子カルテアプリのセキュリティ評価
② 医師の訓練
③ 電子カルテ開発者の訓練
④ 各種アプリの徹底的な防護対策

などが考えられる[45]．

8.15 総合的な安全対策

サイバー攻撃に対する課題として，ISEは，

① 資金がない

② 適切な職員がいない

③ 効果的に訓練されていない

④ 不適切な組織構造である

⑤ セキュリティポリシーが保証されていない

⑥ 監査手順がない

⑦ ネットワークを監視していない

⑧ ログ管理，モニタリングしていない

⑨ 安全なネットワーク構造にしていない

⑩ アクセス権のコントロールが不十分である

⑪ 過去の遺産システムを広範囲に使用している

⑫ 評価やパッチ処理ができていない

⑬ 制限のないネットワーク上で医療デバイスを稼動させている

⑭ 臨時医師のシステム，ネットワークへのアクセスに無関心である

⑮ 各種ベンダーの遠隔コントロールが不十分である

などを指摘している[45].

医療IT，医療IoTの時代の到来はわが国でも不可避である．しかし，医療IT環境の整備には未だ多くの課題がある．わが国では，医療データのデジタル化，それを包括的に活用するデータウェアハウスの構築とツールの開発，院内・院外を含めたネットワーク構築と相互運用性の推進など多くの課題がある．医療IoTについても医療のビッグデータ活用，モバイル型医療デバイスの普及を含めて，その対応方法を考える必要がある．そのなかで，特に医療のサイバーセキュリティに関する懸念とその対策は喫緊の課題である．

本書がその進歩の一助になればと切望している．

参考文献

[1] 飯田修平，永井庸次(編)：『医療のTQM七つ道具』，日本規格協会，2012.

[2] 飯田修平(編著)：『医療信頼性工学』，日本規格協会，2013.

[3]　ECRI：ECRI Institute PSO Deep Dive: Health Information Technology 2012.
[4]　九州医事研究会：「日本の電子カルテ導入率」, 2016.
https://kanrisi.wordpress.com/2013/02/06/ehr-mu/
[5]　厚生労働省：「電子レセプト請求の電子化普及状況等（平成 27 年 4 月診療分）について」(2015 年 9 月 30 日), 2015.
http://www.mhlw.go.jp/stf/seisakunitsuite/bunya/0000099015.html
[6]　National Center for Health Statistics: Adoption of certified Electronic health Record Systems and Electronic Information Sharing in Physician offices: United States, 2013 and 2014.
https://www.cdc.gov/nchs/data/databriefs/db236.htm
[7]　Sittig DF, Ash JS, Singh H: The SAFER Guide: Empowering Organizations to Improve the Safety and Effectiveness of Electronic Health Records. Amer J Managed Care 20: 5, 2014.
[8]　米国医学研究所(著), 飯田修平・長谷川友紀(監訳):『医療 IT と安全―よりよい医療をめざした安全なシステムの構築』, 日本評論社, 2014.
[9]　Koppel R, Metla JP, CohenA, Abaluck B, Localio AR, Kimmel SE, Strom BL: Role of computerized physician order entry systems in facilitating medication errors. JAMA 293:1197, 2005.
[10]　ER Balogh, BT Miller, JR Balt (Eds): *Improving Diagnosis in Health Care*. institute of Medicine. National Academies Press. 2015.
[11]　C Vincent, R Amalberti: *Safer Healthcare*. Spring Open, 2016.
http://link.springer.com/book/10.1007%2F978-3-319-25559-0
[12]　飯田修平編：『新版医療安全管理テキスト』, 日本規格協会, 2010.
[13]　永井庸次：「真に病院経営・運営に有用な DWH 構築と運用」,『月刊新医療』, 42：40, 2015.
[14]　Chang R, Stewart D, Ibach B, Laing T. Epidemiology of copy and pasting in the medical record at a tertiary-care academic medical center. J Hosp Med. 2012 7(Suppl 2):130.
http://dx.doi.org/10.1002/jhm.1927.
[15]　西垣通：『ビッグデータと人工知能』(中公新書), 中央公論新社, 2016.
[16]　アレックス・ペントランド：『ソーシャル物理学』, 草思社, 2015.
[17]　永井庸次：「ICT 等を使用した看護職員等の動態把握ツールを用いた, 安全性等に係る医療技術評価事業」, 平成 27 年度研究報告書(AMED), 2016.
[18]　Robert Wood Johnson Foundation: Transforming Care at the Bedside, 2011.
http://www.rwjf.org/content/dam/farm/reports/program_results_reports/

2011/rwjf70624
[19] Amalberti, R. : "Optimum system safety and optimum system resilience," In Hollnagel, E., Wood, D., Leveson, N. (Eds): *Resilience Engineering: Concepts and Precepts.* FFarnham, UK: Ashgate.
[20] ジョセフ・ヒース：『ルールに従う―社会科学の規範理論序説』，NTT 出版，2013.
[21] Sittig DF, Singh H: *Safer Electronic Health Records,* CRC Press, 2015.
[22] Appropriate use of the copy and paste functionality in electronic health records. Chicago (IL): American Health Information Management Association, 2014.
http://library.ahima.org/xpedio/groups/public/documents/ahima/bok1_050621.pdf
[23] 飯田修平(編著)，長谷川友紀(監修)：『診療記録鑑査の手引き―医師・看護師等の諸記録チェックマニュアル』，医学通信社，2013.
[24] ECRI Institute: Health IT Safe Practices: Toolkit for the Safe Use of Copy and Paste. Feb. 2016.
https://www.ecri.org/Resources/HIT/CP_Toolkit/Toolkit_CopyPaste_final.pdf
[25] 長谷川友紀(研究代表者)：「医療安全の向上のための医療従事者を対象にした普及啓発の効果測定に関する研究」(H27−医療−一般−007)，厚生労働科学研究補助金 地域医療基盤開発推進研究事業 平成 27 年度 総括・分担研究報告書(平成 28 年 3 月)，2016.
[26] ECRI Institute: "Copy/Paste：Prevalence, Problems, and Best Practices," 2015.
https://www.ecri.org/Resources/HIT/CP_Toolkit/CopyPaste_Literature_final.pdf
[27] Joseph C Kvedar: the Internet of Healthy Things. Partners Healthcare Connected Health. 2015.
[28] Vijayakannan Sermakani: Transforming healthcare through Internet of Things. Project Management Practitioners' Conference 2014. Nov. 2014.
[29] 厚生労働省：「ゲノム関連施策」，「第 4 回 ゲノム医療等実用化推進 TF」(平成 28 年 1 月 27 日)，2016.
http://www.mhlw.go.jp/file/05-Shingikai-10601000-Daijinkanboukouseikagakuka-Kouseikagakuka/160127_task_s1.pdf
[30] 総務省：「クラウド時代の医療 ICT の在り方に関する懇談会報告書(案) 概要」(平成 27 年 11 月)，2015.

http://www.soumu.go.jp/main_content/000385976.pdf
[31]　the Precision Medicine Initiative, 2015.
https://www.whitehouse.gov/precision-medicine
[32]　Capgemini Consulting: Securing the Internet of Things Opportunity: Putting Cybersecurity at the Heart of the IoT.
[33]　An Osterman Research White Paper: Dealing with Data Breaches and Data Loss Prevention.
http://www.ostermanresearch.com
[34]　ENISA: Definition of Cybersecurity. Gaps and Overlaps in Standardization. Dec., 2015.
http://www.enisa.europa.eu
[35]　独立行政法人情報処理推進機構：「情報セキュリティ 10 大脅威 2016」(2016 年 3 月)，2016.
http://www.ipa.go.jp/
[36]　Ponemon Institute: The state of cybersecurity in healthcare organizations in 2016.
https://cdn1.esetstatic.com/eset/US/resources/docs/white-papers/State_of_Healthcare_Cybersecurity_Study.pdf#search=%27Ponemon+Institute%3A+The+state+of+cybersecurity+in+healthcare+++++++organizations+in+2016.%27
[37]　FDA safety communication: Cybersecurity for medical devices and hospital networks (June 2013).
[38]　FDA draft guidance: Content of premarket submission for management of cybersecurity in medical devices (June 2013).
[39]　Health IT.gov: https://www.healthit.gov/sites/default/files/Backup_and_Recovery_Checklist.pdf
[40]　ENISA: Smart Hospitals. Security and resilience for Smart Health Service and Infrastructures, Nov 2016.
http://www.enisa.europa.eu
[41]　HIMSS: 2016 HIMSS Cybersecurity Survey.
http://www.himss.org/sites/himssorg/files/2016-cybersecurity-report.pdf
[42]　R. Winton: Hollywood hospital pays $17,000 in bitcoin to hackers; FBI investigating.
http://www.latimes.com/business/technology/la-me-ln-hollywood-hospital-bitcoin-20160217-story.html
[43]　R. Michel: MedStar Health Latest Victim in String of Ransomware Attacks

on Hospitals and Medical Laboratories that reveal the Vulnerability of Healthcare IT, 2016.
http://www.darkdaily.com/medstar-health-latest-victim-in-string-of-ransomware-attacks-on-hospitals-and-medical-laboratories-that-reveal-the-vulnerability-of-healthcare-it-511#axzz4TQsH8GhV

[44] Proofpoint: the Ransom Ware: Survival Guide.
https://www.proofpoint.com/sites/default/files/proofpoint-ransomware-handbook-a4-jp.pdf#search=%27Proofpoint%2C+Ransom+Ware%2Csurvibal+guide%27

[45] ISE: "Securing Hospitals: A research study and blueprint," Feb 23, 2016.
http://www.securityevaluators.com

[46] McAfee Labs Threats Report, Sep 2016.
http://www.mcafee.com/jp/resources/reports/rp-quarterly-threats-sep-2016.pdf#search=%27McAfee+Labs+Threats+Report%2C+Sep+2016%27

[47] TrapX Labs- A division of TrapX Security: Anatomy of an Attack Medjack (Medical Device Hijack).
http://deceive.trapx.com/rs/929-JEW-675/images/AOA_Report_TrapX_AnatomyOfAttack-MEDJACK.pdf?aliId=2254675

[48] E-Guide: Mitigate the Threat of Ransomware in Health IT.
http://docs.media.bitpipe.com/io_13x/io_133668/item_1450281/Vasco_sComputerWeekly_IO%23133668_Eguide_110916_LI%231450281.pdf

[49] HSCIC: "Checklist guidance for Reporting, Managing and Investigating Information Governance and Cybersecurity Serious Incidents Requiring Investigation," May 2015.

[50] ICIT: "Hacking Healthcare IT in 2016," Jan. 2016.
http://icitech.org/wp-content/uploads/2016/01/ICIT-Brief-Hacking-Healthcare-IT-in-2016.pdf#search=%27ICIT%3A+Hacking+Healthcare+IT+in+2016%27

索　引

［英数字］

［サ　行］

［タ　行］

［ナ　行］

［ハ　行］

◆著者紹介

[編著者]

畠中 伸敏（はたなか のぶとし） 執筆箇所：まえがき，第1章～第3章

1947年に生まれる．慶應義塾大学大学院工学研究科修士課程修了．工学博士．キヤノン㈱研究室長を経て，現在，東京情報大学大学院総合情報学研究科教授，東海大学政治経済学部経営学科非常勤講師．

主著に『機密情報の保護と情報セキュリティ』，『環境配慮型設計』（いずれも，日科技連出版社），『予防と未然防止』（監修，日本規格協会），『情報心理』（編著，日本文教出版社），『情報セキュリティのためのリスク分析・評価』（編著，日科技連出版社），『個人情報保護とリスク分析』（編著，日本規格協会），『ISO 9000 顧客満足システムの構築』（共著，日科技連出版社）など多数．

日本品質管理学会 品質技術賞（2000年，2002年），言語処理学会優秀発表賞（2002年）．

[著　者]

井上 博之（いのうえ ひろゆき） 執筆箇所：第4章

1965年に生まれる．大阪大学大学院工学研究科電子工学専攻修士課程修了，奈良先端科学技術大学院大学情報科学研究科博士後期課程，博士（工学）．住友電気工業㈱，㈱インターネット総合研究所および㈱IRIユビテックを経て，現在，広島市立大学大学院情報科学研究科准教授．他に，（一社）重要生活機器連携セキュリティ協議会研究開発センター チーフ，SECCON実行委員，セキュリティ・キャンプ全国大会講師，HiBiSインターネットセキュリティ部会顧問など．組込みシステムの情報セキュリティ，特に広域ネットワークにつながる家電や自動車の情報セキュリティについて，その脆弱性やセキュアな通信プロトコルに関する研究開発を行う．

主著に『ステップ方式で仕組みを学ぶIPネットワーク設計演習』（ナノオプトニクスエナジー），『マスタリング TCP/IP IPv6編 第2版』（共著，オーム社），『ユビキタステクノロジーのすべて』（共著，NTS）など．

佐藤 雅明（さとう まさあき） 執筆箇所：第5章

1977年に生まれる．慶應義塾大学大学院政策・メディア研究科博士後期課程修了，博士（政策・メディア）．㈱三菱総合研究所，慶應義塾大学での勤務を経て，シンガポール国立大学に着任し，インターネット自動車に関する研究，デジタルサイネージの研究，および国際標準化活動に従事．現在，慶應義塾大学大学院政策・メディア研

究科特任准教授．自動運転支援技術や，グローバルなITSアーキテクチャの構築に関する研究を行う．

主著に『自動車ビッグデータでビジネスが変わる！ プローブカー最前線』(共著，インプレスR&D)，*Intelligent Transportation Systems: From Good Practices to Standards*(共著，CRC Press)など．

ISO/TC 204(ITS国際標準化)/WG 16(広域通信)テクニカルエキスパート．

伊藤 重隆(いとう しげたか)　執筆箇所：第6章

1949年に生まれる．慶應義塾大学工学部管理工学科専攻，㈱みずほ銀行，みずほ情報総研㈱部長を経て，現在，(一社)情報システム学会代表理事／会長．

主著に『予防と未然防止』(共著，日本規格協会)，『情報セキュリティのためのリスク分析・評価』(共著，日科技連出版社)，『個人情報保護とリスク分析』(共著，日本規格協会)，『新情報システム学序説』(監修，情報システム学会)，『内部統制Q&A』(共著，日経BP社)など．

情報システム学会　10周年記念功績彰受賞(2015年)．

折原 秀博(おりはら ひでひろ)　執筆箇所：第7章

1954年に生まれる．東京教育大学理学部応用数理学科応用数理学専攻．東京都庁部長を経て，現在，(一社)東環保研修センター常務理事／研修センター長．

主著に，『情報セキュリティのためのリスク分析・評価』(共著，日科技連出版社)，『個人情報保護とリスク分析』(共著，日本規格協会)，『予防と未然防止』(共著，日本規格協会)など．

永井 庸次(ながい ようじ)　執筆箇所：第8章

1950年に生まれる．東京医科歯科大学卒業．医学博士．獨協医科大学，筑波大学講師，文部省在外長期研究員スウェーデンカロリンスカ研究所勤務などを経て，現在，㈱日立製作所ひたちなか総合病院院長．内閣官房新型インフルエンザ等対策有識者会議・分科会構成員，厚生労働省厚生科学審議会がん登録部会専門委員，経済産業省日本工業標準調査会臨時委員，(公社)全日本病院協会常任理事，(公財)日本医療機能評価機構運営委員会委員を務める．

主著に「医療TQM七つ道具」(編者，日本規格協会)，『院内医療事故調査の指針』(執筆者，メディカ出版)，『医療ITと安全』(訳者，日本評論社)，『業務工程(フロー)図作成の基礎知識と活用事例【演習問題付き】』(執筆者，日本規格協会)など．

IoT 時代のセキュリティと品質

ダークネットの脅威と脆弱性

2017 年 4 月 17 日　第 1 刷発行
2017 年 8 月 2 日　第 2 刷発行

編著者　畠中伸敏
著　者　井上博之　佐藤雅明
　　　　伊藤重隆　折原秀博
　　　　永井庸次

発行人　田中　健

検印省略

発行所　株式会社　日科技連出版社
〒151-0051　東京都渋谷区千駄ケ谷 5-15-5
DS ビル
電話　出版 03-5379-1244
　　　営業 03-5379-1238

Printed in Japan

印刷・製本　㈱中央美術研究所

URL　http://www.juse-p.co.jp/
ISBN 978-4-8171-9620-0